Física geral: eletricidade – para além do dia a dia

O selo DIALÓGICA da Editora InterSaberes faz referência às publicações que privilegiam uma linguagem na qual o autor dialoga com o leitor por meio de recursos textuais e visuais, o que torna o conteúdo muito mais dinâmico. São livros que criam um ambiente de interação com o leitor – seu universo cultural, social e de elaboração de conhecimentos –, possibilitando um real processo de interlocução para que a comunicação se efetive.

Física geral: eletricidade – para além do dia a dia

Vicente Pereira de Barros

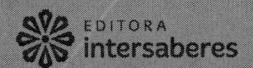

Editora Intersaberes

EDITORA intersaberes

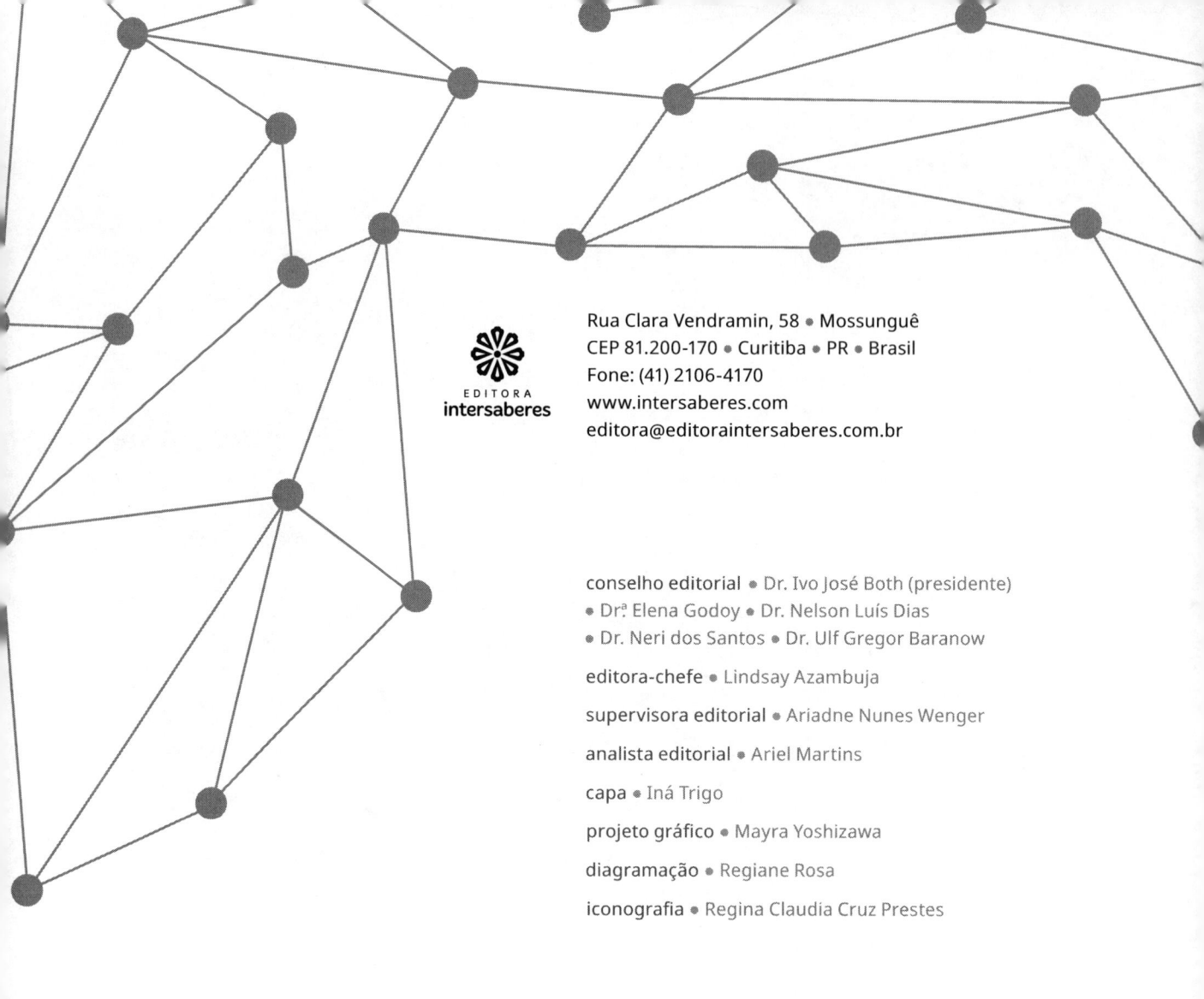

Rua Clara Vendramin, 58 • Mossunguê
CEP 81.200-170 • Curitiba • PR • Brasil
Fone: (41) 2106-4170
www.intersaberes.com
editora@editoraintersaberes.com.br

conselho editorial • Dr. Ivo José Both (presidente) • Dr.ª Elena Godoy • Dr. Nelson Luís Dias • Dr. Neri dos Santos • Dr. Ulf Gregor Baranow

editora-chefe • Lindsay Azambuja

supervisora editorial • Ariadne Nunes Wenger

analista editorial • Ariel Martins

capa • Iná Trigo

projeto gráfico • Mayra Yoshizawa

diagramação • Regiane Rosa

iconografia • Regina Claudia Cruz Prestes

1ª edição, 2017.
Foi feito o depósito legal.
Informamos que é de inteira responsabilidade do autor a emissão de conceitos.
Nenhuma parte desta publicação poderá ser reproduzida por qualquer meio ou forma sem a prévia autorização da Editora InterSaberes.
A violação dos direitos autorais é crime estabelecido na Lei n. 9.610/1998 e punido pelo art. 184 do Código Penal.

Dado internacionais de Catalogação na Publicação (CIP)
(Câmara Brasileira do Livro, SP, Brasil)

Barros, Vicente Pereira de
Física geral: eletricidade – para além do dia a dia/ Vicente Pereira de Barros. Curitiba: InterSaberes, 2017.

Bibliografia.
ISBN 978-85-5972-334-2

1. Engenharia de produção 2. Física 3. Física – Estudo e ensino I. Título.

17-01518   CDD-530.7

Índices para catálogo sistemático
1. Física: Estudo e ensino 530.7

Sumário

Apresentação 9
Organização didático-pedagógica 11

1 Carga elétrica 15
1.1 Introdução 16
1.2 Processos de eletrização 19
1.3 Condutores e isolantes 22

2 Campo elétrico e Lei de Gauss 27
2.1 Contexto histórico 28
2.2 Conceito de campo 31
2.3 Lei de Gauss 31
2.4 Construindo uma garrafa de Leyden 38
2.5 Dipolos elétricos 39

3 Potencial elétrico, capacitores e dielétricos 47
3.1 Uma ferramenta muito útil 48
3.2 Potencial elétrico 50
3.3 Dielétricos e capacitores 54
3.4 Atividade experimental 57
3.5 Vetores deslocamento elétrico e polarização elétrica 57

4 Corrente elétrica e resistência elétrica 65
4.1 Corrente elétrica 66
4.2 Pilha de alimentos e a corrente elétrica 72
4.3 Princípio da conservação da carga elétrica 73
4.4 Resistência e resistividade elétrica 79
4.5 Lei de Ohm 81

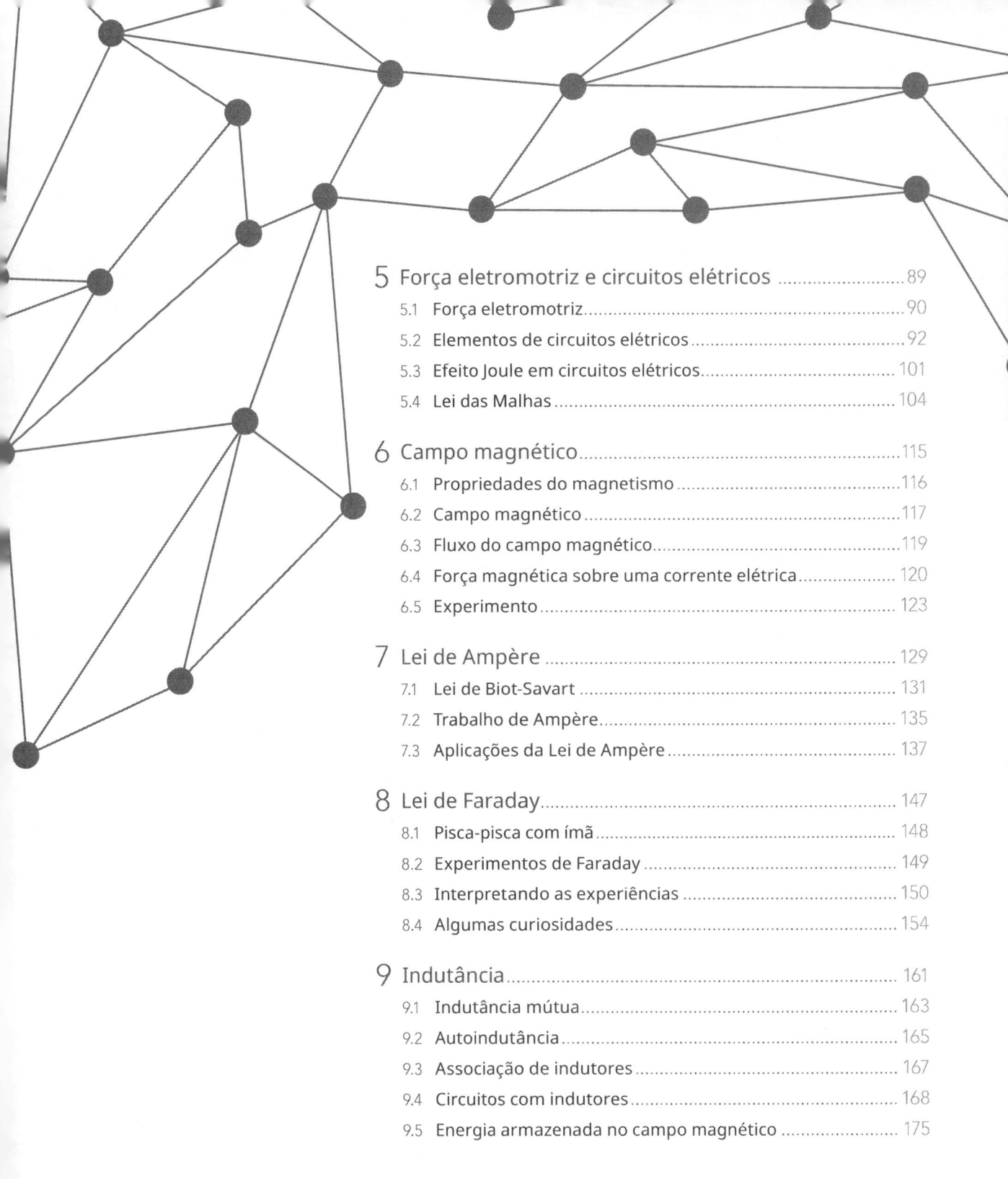

5 Força eletromotriz e circuitos elétricos 89
- 5.1 Força eletromotriz 90
- 5.2 Elementos de circuitos elétricos 92
- 5.3 Efeito Joule em circuitos elétricos 101
- 5.4 Lei das Malhas 104

6 Campo magnético 115
- 6.1 Propriedades do magnetismo 116
- 6.2 Campo magnético 117
- 6.3 Fluxo do campo magnético 119
- 6.4 Força magnética sobre uma corrente elétrica 120
- 6.5 Experimento 123

7 Lei de Ampère 129
- 7.1 Lei de Biot-Savart 131
- 7.2 Trabalho de Ampère 135
- 7.3 Aplicações da Lei de Ampère 137

8 Lei de Faraday 147
- 8.1 Pisca-pisca com ímã 148
- 8.2 Experimentos de Faraday 149
- 8.3 Interpretando as experiências 150
- 8.4 Algumas curiosidades 154

9 Indutância 161
- 9.1 Indutância mútua 163
- 9.2 Autoindutância 165
- 9.3 Associação de indutores 167
- 9.4 Circuitos com indutores 168
- 9.5 Energia armazenada no campo magnético 175

10 **Magnetismo em meios materiais** 181
   10.1 Introdução 182
   10.2 Paramagnetismo 184
   10.3 Diamagnetismo 186
   10.4 Ferromagnetismo 188

Considerações finais 197
Referências 199
Bibliografia comentada 203
Respostas 205
Sobre o autor 215

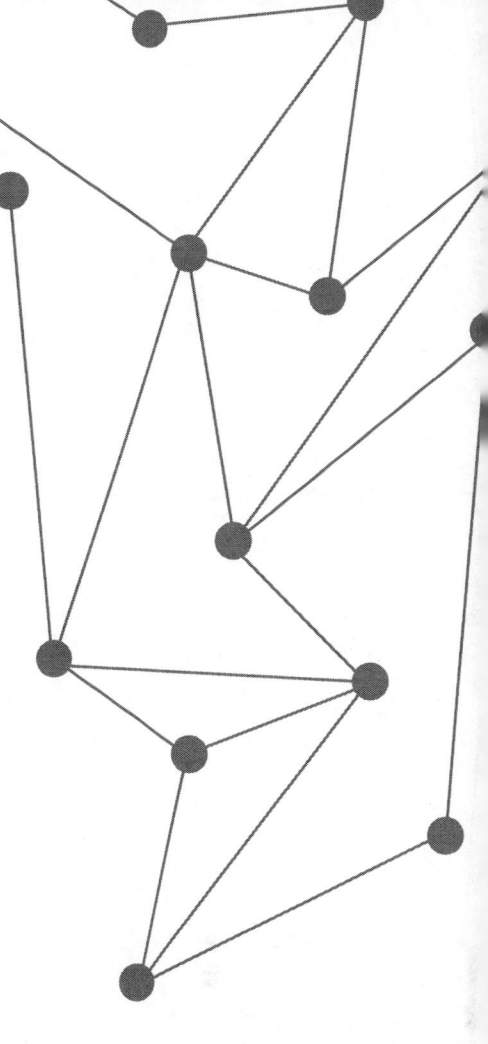

Apresentação

Neste livro, a nossa ideia principal é prover informações básicas para o aprendizado e a plena apropriação dos conteúdos programáticos da física geral e experimental voltados aos cursos de Engenharia, sobretudo os que dizem respeito à eletricidade, demonstrando procedimentos experimentais relacionados à teoria. Os princípios que nortearam a preparação do nosso estudo foram a contextualização histórica dos conceitos abordados e o questionamento prático do conhecimento adquirido.

Pensando nisso, tratamos os conteúdos de forma didática e sistemática, por meio do vasto universo virtual de aprendizagem, tão comum em nossa sociedade moderna – o que constitui um grande desafio, pois hoje existem muitas informações, mas poucas delas podem ser transformadas em conhecimento útil para um propósito específico. Com isso, pretendemos que este livro seja um guia geral para qualquer pessoa que queira aprender sobre eletricidade e saber como esse conhecimento é tratado nos meios acadêmicos.

Dessa maneira, no Capítulo 1, trazemos a definição de carga elétrica e como esse conceito foi construído no decorrer dos tempos. No Capítulo 2, exploramos o campo elétrico, que é uma ideia recente (elaborada no século XIX), e apresentamos as dificuldades conceituais em sua formulação pela Lei de Gauss. Tratamos do potencial elétrico para a resolução de problemas relacionados a capacitores e materiais dielétricos no Capítulo 3. Discutimos sobre a corrente elétrica no Capítulo 4, junto com todas as suas aplicações tecnológicas. No Capítulo 5, exploramos a força eletromotriz, que é um conceito fundamental e análogo ao do potencial elétrico, dentro dos circuitos elétricos, que podem ser entendidos como a mais prática manifestação da eletricidade.

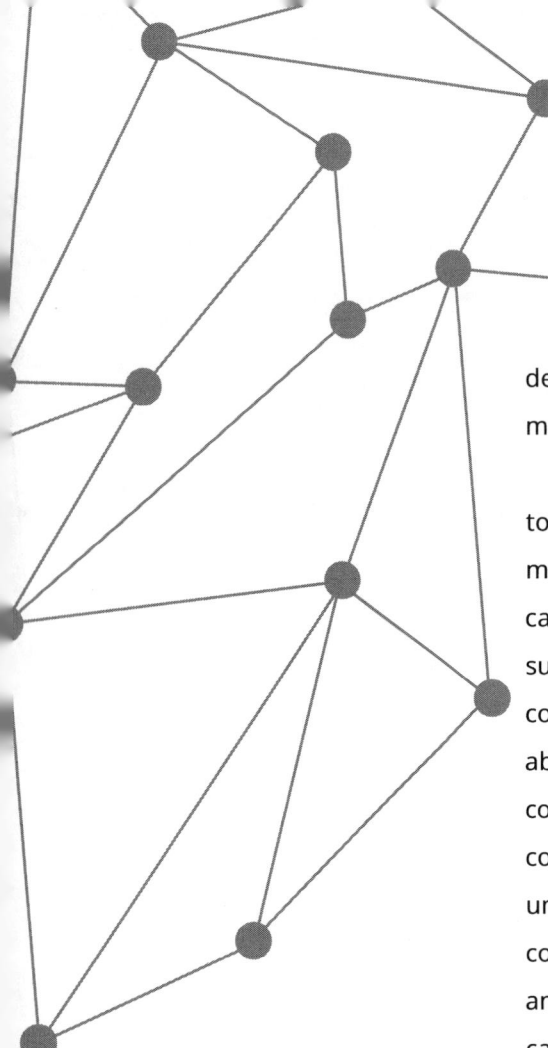

A partir do sexto capítulo, diminuímos a discussão sobre pontos teóricos e entramos mais diretamente em atividades experimentais. Assim, no Capítulo 6, temos o primeiro contato com o campo magnético e as suas manifestações no nosso dia a dia. O surgimento do campo magnético em um material submetido a uma corrente elétrica é explicado por meio da Lei de Ampère, a qual abordamos no Capítulo 7. Discutimos a Lei de Faraday, que explica como o campo magnético induz correntes elétricas em um material condutor, no Capítulo 8. Verificamos, ainda, a reação com a qual um material responde a variações do campo magnético, conhecida como indutância, e as suas características, no Capítulo 9. Por fim, analisamos como são descritos atualmente os comportamentos de campos magnéticos dentro da matéria no Capítulo 10.

Escrever um livro na forma de projetos a serem realizados e testados e de questões a serem analisadas e respondidas não é uma tarefa simples, assim como não o é apresentar conteúdos programáticos e ainda incutir nos alunos a ideia de que esses temas são importantes na solução de problemas práticos do dia a dia. Por isso, acatamos parcialmente as sugestões de alguns revisores, aos quais agradecemos, pois, sem eles, o nosso trabalho não seria possível.

Organização didático- -pedagógica

Este livro traz alguns recursos que visam enriquecer o seu aprendizado, facilitar a compreensão dos conteúdos e tornar a leitura mais dinâmica. São ferramentas projetadas de acordo com a natureza dos temas que examinaremos. Veja a seguir como esses recursos se encontram distribuídos no decorrer desta obra.

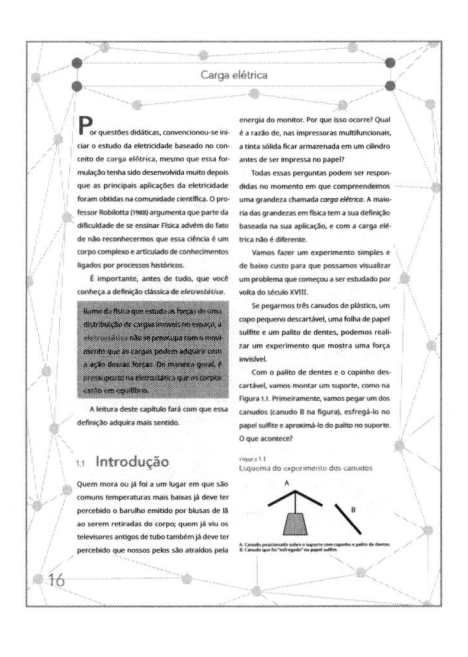

Introdução do capítulo

Logo na abertura do capítulo, você é informado a respeito dos conteúdos que nele serão abordados, bem como dos objetivos que o autor pretende alcançar.

Síntese

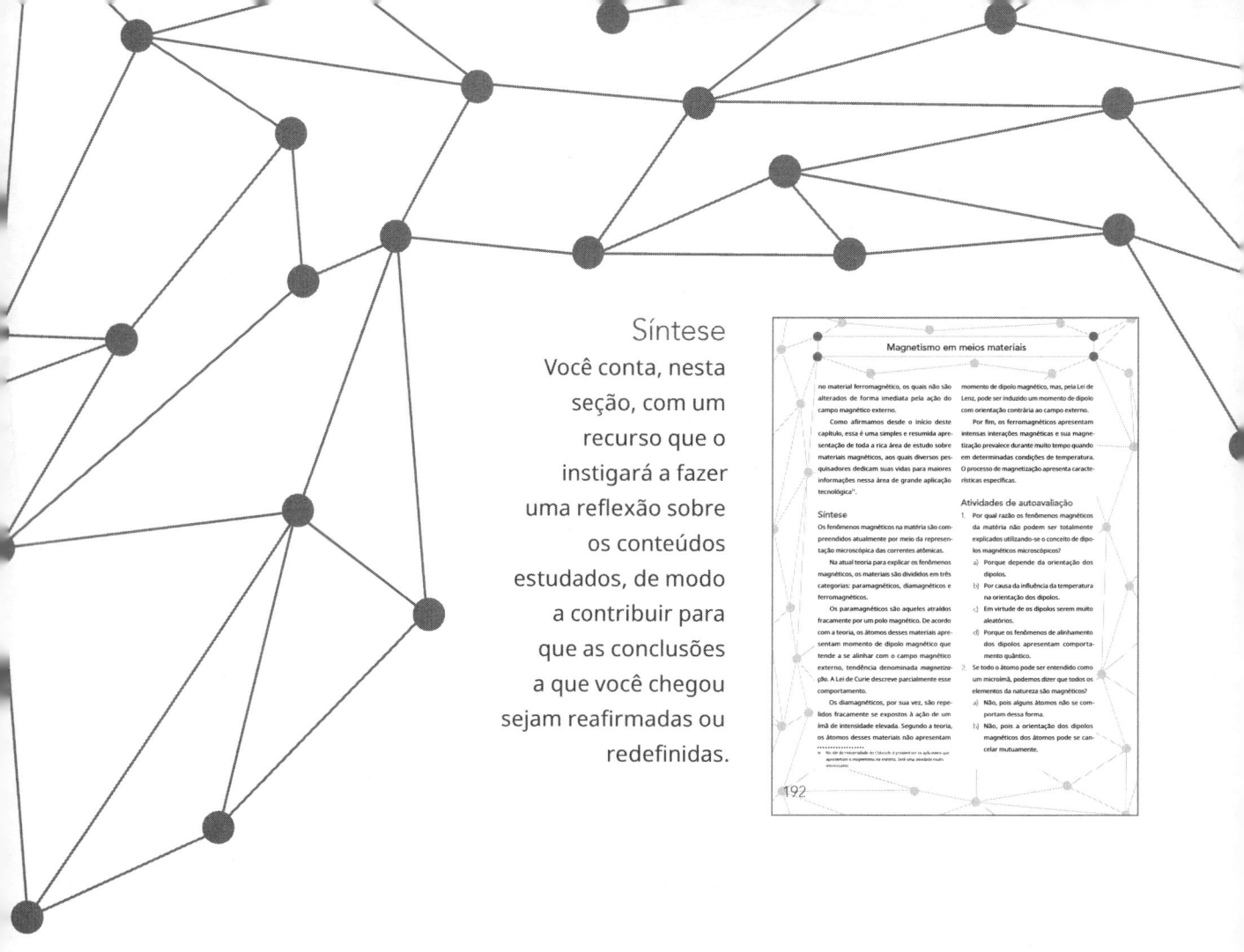

Você conta, nesta seção, com um recurso que o instigará a fazer uma reflexão sobre os conteúdos estudados, de modo a contribuir para que as conclusões a que você chegou sejam reafirmadas ou redefinidas.

Atividades de autoavaliação

Com estas questões objetivas, você tem a oportunidade de verificar o grau de assimilação dos conceitos examinados, motivando-se a progredir em seus estudos e a se preparar para outras atividades avaliativas.

Atividades de aprendizagem

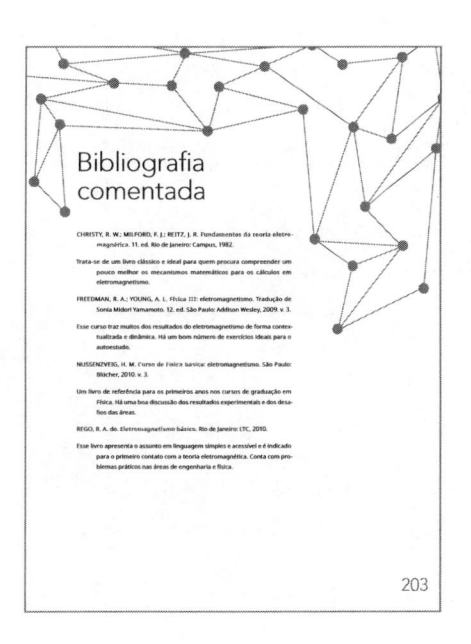

Aqui você dispõe de questões cujo objetivo é levá-lo a analisar criticamente determinado assunto e aproximar conhecimentos teóricos e práticos.

Bibliografia comentada

Nesta seção, você encontra comentários acerca de algumas obras de referência para o estudo dos temas examinados.

1.
Carga elétrica

Carga elétrica

Por questões didáticas, convencionou-se iniciar o estudo da eletricidade baseado no conceito de **carga elétrica**, mesmo que essa formulação tenha sido desenvolvida muito depois que as principais aplicações da eletricidade foram obtidas na comunidade científica. O professor Robilotta (1988) argumenta que parte da dificuldade de se ensinar Física advém do fato de não reconhecermos que essa ciência é um corpo complexo e articulado de conhecimentos ligados por processos históricos.

É importante, antes de tudo, que você conheça a definição clássica de **eletrostática**.

> Ramo da física que estuda as forças de uma distribuição de cargas imóveis no espaço, a **eletrostática** não se preocupa com o movimento que as cargas podem adquirir com a ação dessas forças. De maneira geral, é pressuposto na eletrostática que os corpos estão em equilíbrio.

A leitura deste capítulo fará com que essa definição adquira mais sentido.

1.1 Introdução

Quem mora ou já foi a um lugar em que são comuns temperaturas mais baixas já deve ter percebido o barulho emitido por blusas de lã ao serem retiradas do corpo; quem já viu os televisores antigos de tubo também já deve ter percebido que nossos pelos são atraídos pela energia do monitor. Por que isso ocorre? Qual é a razão de, nas impressoras multifuncionais, a tinta sólida ficar armazenada em um cilindro antes de ser impressa no papel?

Todas essas perguntas podem ser respondidas no momento em que compreendemos uma grandeza chamada *carga elétrica*. A maioria das grandezas em física tem a sua definição baseada na sua aplicação, e com a carga elétrica não é diferente.

Vamos fazer um experimento simples e de baixo custo para que possamos visualizar um problema que começou a ser estudado por volta do século XVIII.

Se pegarmos três canudos de plástico, um copo pequeno descartável, uma folha de papel sulfite e um palito de dentes, podemos realizar um experimento que mostra uma força invisível.

Com o palito de dentes e o copinho descartável, vamos montar um suporte, como na Figura 1.1. Primeiramente, vamos pegar um dos canudos (canudo B na figura), esfregá-lo no papel sulfite e aproximá-lo do palito no suporte. O que acontece?

Figura 1.1
Esquema do experimento dos canudos

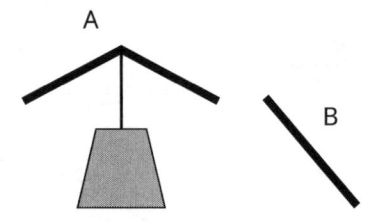

A: Canudo posicionado sobre o suporte com copinho e palito de dentes.
B: Canudo que foi "esfregado" no papel sulfite.

Agora, vamos fazer o mesmo procedimento, mas com uma diferença: vamos esfregar com força a folha de papel sulfite no outro canudo e novamente aproximar. O que ocorre?

Provavelmente já vimos esse tipo de fenômeno em outros exemplos, como o caso mais clássico: o pente que, ao ser esfregado ao cabelo, atrai pedaços de papel.

Agora, vamos conhecer como foi construída a sua explicação formal. Esse foi um longo processo que ocorreu com a contribuição de diversas pessoas.

Desde a Grécia antiga, os chamados *filósofos da natureza* se perguntavam como uma substância conhecida como *âmbar*, ao ser atritada, atraía objetos leves próximos a ela. Em grego, *âmbar* recebe o nome de *elektron*; assim, foram denominados "fenômenos elétricos" (Hayt, 1991).

Willian Gilbert (1540-1603) e Stephen Gray (1666-1736) perceberam que materiais diferentes se comportavam de maneira diferente quando submetidos ao atrito. Alguns elementos eram mais facilmente eletrificados do que outros. Charles Du Fay (1698-1739) estabeleceu uma relação entre elementos diferentes, que hoje conhecemos como *série triboelétrica*. (Nussenzveig, 2003)

Para a explicação moderna dessa série, utilizamos o conceito de **carga elétrica** definido por Benjamim Franklin (1706-1790). Aliás, os nomes *carga elétrica* e *bateria* foram conceituados por Franklin, e devemos a esse pesquisador boa parte do vocabulário que utilizamos na área (Halliday; Resnick, 1994).

> Precisamos atentar para o fato de que boa parte do conhecimento que Franklin, Gilbert, Gray e outros pesquisadores tinham sobre os fenômenos elétricos está relacionado ao entendimento da eletricidade como uma substância e a carga elétrica como um elemento dessa substância. Atualmente, usamos a explicação atômica desenvolvida no início do século XX para explicar esses fenômenos.

Assim, entendemos que a maioria dos objetos, em seu estado natural, está em equilíbrio entre dois tipos de cargas: as **negativas** e as **positivas**. Em situações em que a quantidade dessas cargas é diferente entre si, a carga total do objeto é diferente de zero. Para essa situação, dizemos que o objeto é carregado eletricamente.

Vamos pensar em uma balança para medir essa diferença de carga. Lembra do canudo carregado e suspenso no suporte? O canudo isola-se eletricamente dos outros objetos. Essa informação faz sentido agora, pois você já entende como é feita a construção do conceito de carga elétrica. Quando aproximamos outro canudo, eletricamente carregado, os dois canudos sofrem uma força de repulsão, ou seja, cada um "procura" se afastar do outro. No entanto, ao aproximarmos um canudo neutro do canudo suspenso, os dois se "conectam".

Carga elétrica

Podemos entender, então, que a fricção retira cargas negativas do canudo. Existe a mesma explicação para o caso em que usamos materiais diferentes, como o plástico e o vidro. No Quadro 1.1, temos uma escala triboelétrica para ilustrar esse conceito.

Quadro 1.1
Resumo da tabela triboelétrica

Positivos	Neutros	Negativos	Intensidade
Pele humana	Algodão	Madeira	Maior
Pele de coelho	Aço	Âmbar	
Vidro		Borracha	
Chumbo		Ouro	
Seda		Poliéster	
Alumínio		Poliuretano	Menor

Fonte: Adaptado de Hayt, 1991, p. 68.

No fim do século XVIII, quando a comunidade científica procurava dar explicações para os fenômenos elétricos, os resultados obtidos pela Teoria da Gravitação eram muito bons. Assim, a analogia entre *eletricidade* e *gravitação* começou a ser utilizada para explicar os fenômenos elétricos; a única diferença era que as constantes em cada fenômeno eram diferentes entre si. O Quadro 1.2 procura apresentar essa comparação de maneira mais concisa. Essa estratégia de aprendizagem será muito útil durante seus estudos.

Quadro 1.2
Esquema comparativo entre as grandezas *gravitação* e *eletricidade*

Gravitação	Eletricidade	Unidades
$\vec{F} = -G \dfrac{M_1 M_2}{r^2} \hat{r}$	$\vec{F} = K \dfrac{Q_1 Q_2}{r^2} \hat{r}$	Newtons (N)
G – Constante da gravitação	K – Constante de Coulomb	Você descobrirá
M – massa	Q – Carga elétrica	Quilogramas (kg) e Coulomb (C)
R – Distância entre os corpos de massas 1 e 2	R – Distância entre as cargas 1 e 2	Metros

O que está de um lado da equação deve ter as mesmas unidades que o que se encontra no outro lado. Quem desenvolveu a equação à direita da tabela foi o francês Charles Auguste Coulomb (1736-1806). Por essa razão, a equação também é conhecida como *Lei de Coulomb*. Vamos estudar as unidades das constantes em um exercício ao final do capítulo.

Coulomb foi um estudioso da eletricidade, além de militar (Hayt, 1991). Seus trabalhos deram continuidade ao desenvolvimento de estudos realizados por outros pesquisadores, como Cavendish, que determinou com incrível precisão a constante da gravitação da Lei de Newton.

Coulomb utilizou uma balança eletrostática para determinar a intensidade da força de atração entre duas cargas. A Figura 1.2 ilustra como esse instrumento foi construído.

Figura 1.2
Balança de Coulomb

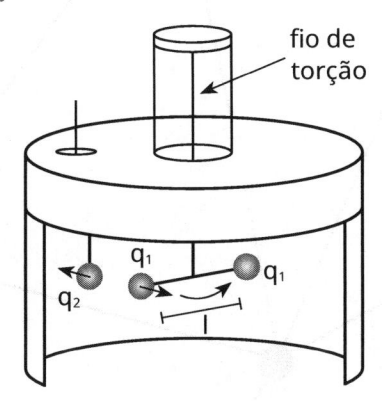

Fonte: Adaptado de Unesp, 2016.

Na extremidade do fio de torção, encontram-se ligadas duas cargas de mesmo valor (q_1), mas separadas por uma distância determinada l. Quando inserimos uma outra carga, de valor diferente (que denominaremos genericamente de q_2), temos uma torção no fio que pode determinar a força que está atuando entre as cargas. Com os valores da força, da distância e de uma das cargas, determinamos o valor da carga q_2.

1.2 Processos de eletrização

Com o passar do tempo, chegou-se à conclusão de que alguns elementos se tornavam carregados por meio de diferentes processos. Hoje, por questões didáticas, assumimos que existem três processos básicos de eletrização, a saber:

1. **Eletrização por atrito** – Quando atritamos dois corpos neutros, de materiais distintos, percebemos que eles acabam atraindo outros corpos. No atual modelo elétrico e de estrutura da matéria, entende-se que ocorre entre os dois corpos a troca de pequenas partículas de carga elétrica, denominadas *elétrons*, que têm sinal negativo. Existe uma tendência preferencial de cada material para essa troca de elétrons, que é indicada pela **tabela triboelétrica**. Por exemplo, a pele humana, ao ser atritada por um objeto de alumínio, torna-se mais positivamente carregada do que o alumínio (ou seja, este torna-se negativamente carregado). Esse fenômeno ocorre porque os átomos da pele humana recebem mais facilmente elétrons do que os átomos do alumínio.

2. **Eletrização por contato** – Notamos que, se dois corpos são postos em contato, sendo pelo menos um deles eletrizado, a carga elétrica parece se distribuir entre eles, dependendo do material do qual são

feitos. Estes são denominados *condutores*, e discutiremos mais sobre esse comportamento futuramente. A Figura 1.3 traz uma representação do que ocorre com as cargas elétricas, levando em conta nosso atual modelo de estrutura da matéria.

Figura 1.3
Representação da eletrização por contato

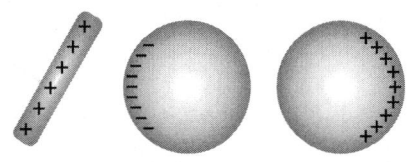

Fonte: Adaptado de Tipler; Mosca, 2013, p. 5.

A ideia principal é que o bastão carregado tem uma carga positiva, enquanto as duas esferas estão neutras, visto que uma tem a mesma quantidade de carga que a outra, mas com sinal contrário. Ao tocarmos o bastão, a tendência da carga positiva em excesso no bastão é migrar para as esferas, e os três corpos ficarem carregados. O quanto ficará carregado cada corpo depende das características de cada um deles, como área, comprimento e material de constituição.

3. **Eletrização por indução** – Notamos que, se atritarmos um corpo, ele fica carregado (seja o corpo condutor ou não). Se tocarmos um corpo condutor que foi carregado eletricamente com um dado sinal em outro condutor neutro, ambos também ficarão carregados com a mesma carga. Mas existe outro processo: um corpo eletrizado aproxima-se de outro condutor neutro e, mesmo sem contato, ocorre a eletrização do condutor neutro! Vamos descrever o processo mais detalhadamente. Imagine uma esfera neutra e um bastão carregado negativamente. Ao aproximarmos o bastão da esfera e conectarmos a esfera na Terra, a esfera fica carregada positivamente. Como podemos explicar isso?

Usando o modelo de cargas elétricas, sem nos preocupar com as partículas que criam essas cargas elétricas, vamos montar um esquema em quatro passos, denominados **A**, **B**, **C** e **D**. A Figura 1.4 ilustra esse modelo.

Figura 1.4
Esquema para eletrização por indução

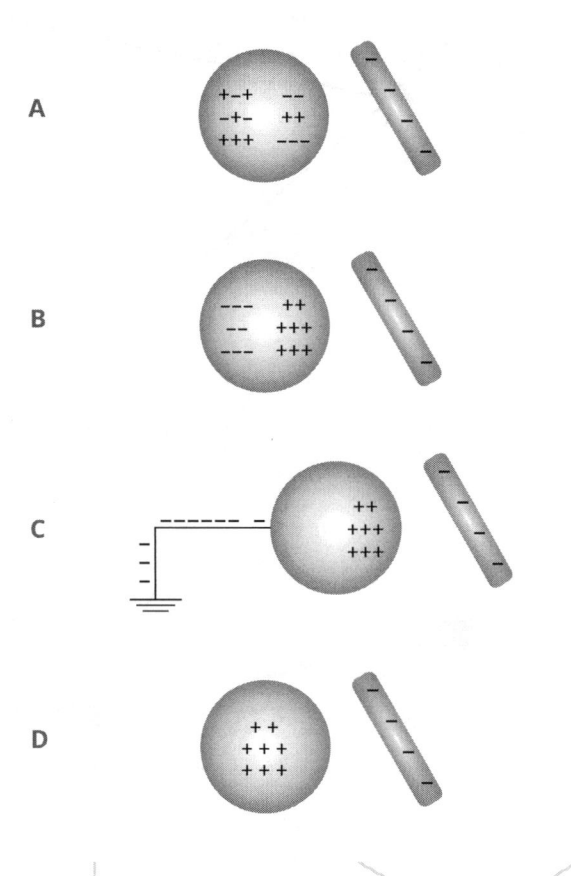

A

B

C

D

Em **A**, os dois corpos estão separados. Ao aproximarmos o bastão, notamos que as cargas positivas da esfera são atraídas para este, mas não chega a ocorrer o contato. No passo **B**, as cargas positivas da esfera se acumulam próximas ao bastão e as negativas estão no lado oposto. Ao conectarmos a esfera à terra, as cargas negativas fluem para o solo, como ilustra **C**. Por fim, em **D**, separamos a esfera do bastão e a desconectamos da terra, voltando a configuração espacial de **A**. Assim, temos a esfera carregada com sinal contrário ao bastão.

Podemos fazer esse experimento utilizando palitos. Para tanto, basta tocar o dedo em um dos palitos para notar uma alteração no padrão de aproximação.

Pela nossa construção teórica baseada em observações diárias, podemos notar que as cargas de mesmo sinal se repelem e as de sinais opostos se atraem. Essa atração depende inversamente do quadrado da distância entre as cargas. A razão pela qual as cargas com sinais opostos se atraem é a ausência do sinal negativo na Lei de Coulomb, apresentada na Tabela 2, quando comparada à Lei da Gravitação. Nesta última, todo corpo com massa atrai outro; na eletricidade, somente cargas com sinais opostos se atraem.

Como pudemos observar, quando descrevemos o comportamento das cargas elétricas, colocamos algumas palavras entre aspas. Isso se faz necessário porque ainda não definimos de maneira precisa o que seria a energia no contexto elétrico nem o porquê de as cargas procurarem essas configurações.

Tendo em mente que todos os corpos podem ser representados pela presença dessas cargas, vamos procurar os materiais que apresentam situações extremas na distribuição das cargas.

Antes disso, testaremos nossos conhecimentos em um exemplo didático.

Exemplo

Duas esferas, denominadas **A** e **B**, com 2 cm de diâmetro cada uma, apresentam respectivamente −7 nC e 9 nC de carga elétrica isoladamente. As duas esferas são colocadas em contato e depois separadas. Qual será a carga de cada uma das esferas?

Resolução

O primeiro passo nesse tipo de problema é entender que a quantidade de carga antes e depois do contato das esferas será a mesma. Assim, a carga total antes do contato, Q_T^a, será a soma das cargas individuais. Então,

$$Q_T^a = Q_A + Q_B = -7\ nC + 9\ nC = 2\ nC = 2 \cdot 10^{-9}\ C$$

A quantidade total de carga elétrica deve ser a mesma antes e depois do contato.

$$Q_T^a = Q_T^d$$

Nesse caso, Q_T^d é a carga total após o contato. Como as duas esferas apresentam as mesmas dimensões, a quantidade de carga elétrica se diluirá igualmente entre as duas esferas. Logo:

$$Q_A^d = Q_B^d = \frac{Q_T^d}{2} = 1\,\text{nC}$$

Esse exemplo nos auxilia a entender que a carga elétrica se distribui entre os corpos dependendo de suas dimensões físicas, como área, massa, e assim sucessivamente. Os exercícios auxiliarão o leitor a entender melhor esse tipo de raciocínio.

1.3 Condutores e isolantes

Observando a natureza, vamos tentar construir um modelo teórico para responder à seguinte pergunta: O que faz com que alguns elementos sejam mais suscetíveis a fenômenos elétricos e outros não? Ou ainda, por que alguns elementos permitem que o **fluido elétrico** seja transportado e outros não?

Para responder a esses questionamentos, temos a ideia de que, dentro do material, existem elementos inatos da matéria que transportam quantidades definidas de carga elétrica, denominados *portadores de carga*.

A quantidade de carga elétrica, **Q**, que existe em um corpo com uma densidade de portadores de carga por unidade de volume **η** é o produto do volume do corpo, **V**, pela carga individual do portador, **e**. Assim,

$$Q = \eta V e \qquad (1.1)$$

É importante observar que o que estamos abordando é uma representação. Necessitamos ser precisos ao dizer quem são os portadores de carga. Basicamente, estamos imaginando que a carga pode ser levada por uma entidade que faz parte da matéria.

> Atualmente, considera-se que, em elementos sólidos, em especial metais, os portadores de cargas são os chamados *elétrons livres*. Estes não estão ligados a um átomo específico, mas podem migrar de um átomo para outro.

Outro tipo de portador de carga são aqueles que existem em fluidos (líquidos e gases), em que os átomos com uma diferença entre prótons e elétrons podem se deslocar, os chamados *íons*.

Tendo em mente os portadores de carga, podemos definir o conceito de **condutores** e **isolantes**. Podemos ter as seguintes definições:

- **Condutores**: São materiais que apresentam um grande número de portadores de carga elétrica, facilitando o movimento das cargas.

- **Isolantes**: São materiais que apresentam um pequeno número de portadores de carga elétrica, dificultando o movimento das cargas.

Nessas duas definições, as palavras *grande* e *pequeno* são comparativas. O número de portadores de carga elétrica é definido na comparação entre condutores e isolantes.

Como veremos mais adiante em nossos estudos, a condição de condutor e isolante depende também de como a força elétrica está aplicada ao material por meio de uma grandeza que denominamos *potencial elétrico*. Assim, materiais isolantes podem conduzir se o potencial elétrico aplicado for muito elevado.

Por essa razão, apesar de o ar ser isolante, em certas condições ele permite descargas elétricas em função do potencial elétrico que atua em uma região do espaço.

É importante ressaltar que mesmo um material isolante e neutro tem carga elétrica. No entanto, o número de portadores de carga elétrica negativa é igual ao número de portadores de carga positiva.

Síntese

Vimos, neste capítulo, que a teoria da eletricidade surgiu do esforço humano em explicar fenômenos relacionados à atração e à repulsão de materiais em dadas situações.

Também observamos que existem dois tipos de carga elétrica, propriedade do material que determina o sentido da atração (ou repulsão dos corpos): a negativa e a positiva. As cargas opostas se atraem e as iguais se repelem.

Ainda exploramos a intensidade da atração (repulsão), que é dada pela Lei de Coulomb.

Por fim, afirmamos didaticamente que existem três processos de eletrização: atrito, contato e indução.

Atividades de autoavaliação

1. Os fenômenos elétricos, no contexto que apresentamos aqui, podem ser definidos como aqueles que:
    a) emitem faíscas e luz.
    b) causam mudanças no comportamento dos animais.
    c) produzem atração e repulsão entre corpos de diferentes materiais.
    d) são relacionados a avanços tecnológicos.

2. Sobre o que apresentamos neste capítulo, indique quais das alternativas a seguir são verdadeiras (V) ou falsas (F):
    ( ) A carga elétrica é uma grandeza relacionada apenas a fenômenos químicos.
    ( ) Os materiais dentro da tabela triboelétrica sempre se repelem.
    ( ) Os portadores elétricos só existem em materiais sólidos.
    ( ) A definição de material isolante e condutor depende das características físicas a que o material está submetido.

Carga elétrica

Marque a alternativa que corresponde à sequência correta:

a) V, F, V, F.
b) V, V, F, F.
c) V, V, V, F.
d) F, V, F, V.

3. Qual das alternativas a seguir melhor apresenta uma semelhança e uma diferença entre as forças gravitacional e elétrica?

   a) Decaimento com o inverso da distância. Há dependência direta de grandezas distintas (no caso, massa e carga elétrica).
   b) Decaimento com o inverso da distância. Uma é sempre atrativa e outra sempre repulsiva.
   c) Decaimento com o inverso do quadrado da distância. Há dependência direta das mesmas grandezas com variações.
   d) Decaimento com o inverso do quadrado da distância. Uma é sempre atrativa e outra depende das cargas interagentes.

4. Qual é a principal diferença entre a eletrização por atrito e por contato?

   a) A eletrização por atrito necessita de materiais diferentes; já a eletrização por contato só ocorre entre os mesmos materiais.
   b) A eletrização por atrito necessita de materiais iguais; já a eletrização por contato só ocorre entre os mesmos materiais.
   c) A eletrização por atrito necessita de materiais diferentes; já a eletrização por contato necessita que um dos corpos esteja eletricamente carregado.
   d) A eletrização por atrito necessita de materiais iguais; já a eletrização por contato necessita que um dos corpos esteja eletricamente carregado.

5. Quanto à grandeza *quantidade de carga elétrica*, podemos dizer que ela é:

   a) uma grandeza que ocorre apenas nos elementos gasoso.
   b) uma propriedade inerente de cada material, seja ele líquido, seja sólido, seja gasoso.
   c) uma propriedade que depende da quantidade de portadores de carga de cada material, seja ele líquido, seja sólido, seja gasoso.
   d) uma propriedade que depende da quantidade de portadores de carga dos materiais líquidos.

Atividades de aprendizagem

Questões para reflexão

1. Sintetize os processos de eletrização e verifique com outros colegas quais são as semelhanças e as diferenças das definições dadas por cada um deles.
2. Percebemos em dias de clima mais frio e seco que tecidos de lã emitem barulhos ao serem tirados do corpo. Esse fenômeno

está relacionado à quantidade de carga elétrica presente no tecido e no corpo da pessoa. Pensando nisso, procure uma explicação que justifique por que esse processo ocorre com menor frequência em dias úmidos. Apresente essa formulação para seus colegas e discuta com eles quais são as vantagens e as limitações de suas explicações.

3. Uma das mais famosas aplicações da eletrostática são as copiadoras, instrumentos em que um cilindro acaba sendo marcado pela sensibilização da luz e, dessa forma, reproduz-se a figura que foi transpassada por essa luz. Ideia semelhante é utilizada em equipamentos de digitalização. A grande diferença entre os dois consiste em como o cilindro do primeiro equipamento utiliza tinta para reproduzir a figura. Que explicação você daria para alguém sobre o funcionamento desses equipamentos?

Atividade aplicada: prática

Tome três pares de elementos comuns em sua casa que estejam na tabela triboelétrica e faça a eletrização por atrito, verificando qual par apresenta maior atração ou repulsão. Pesquise qual seria a resposta para tal efeito.

Exercícios[i]

1. Uma esfera de 3 cm de raio tem carga elétrica de $+8 \cdot 10^{-2}$ C, que toca uma outra esfera de mesmo raio, mas com carga de $-2 \cdot 10^{-2}$ C. Qual será a carga das esferas após serem separadas se ponderarmos a troca de cargas pela área?

2. A esfera de 3 cm de raio e carga de $+8 \cdot 10^{-2}$ C do exercício anterior agora entrou em contato com outra esfera, de 2 cm de raio e carga de $-1 \cdot 10^{-2}$ C. Qual será a carga das esferas após serem afastadas se ponderarmos a troca de cargas pela área? E se ponderarmos apenas pelo diâmetro?

3. Duas cargas puntiformes (sem dimensões) encontram-se no vácuo a uma distância de 10 cm uma da outra. As cargas valem $Q_1 = 2nC$ e $Q_2 = 3nC$. Determine a intensidade da força de interação entre elas.

4. Imagine que temos dois diamantes, A e B (veja figura), que podem ter suas dimensões aproximadas a pontos materiais para efeito de cálculo da força eletrostática. A e B possuem, inicialmente, as cargas elétricas indicadas na figura. Os diamantes estão separados por uma distância d, e a força eletrostática entre eles é F. Outra informação

---

[i] Nesta seção são apresentados exercícios numéricos para conferirmos nossa capacidade de quantificar grandezas elétricas. Para os cálculos, use a constante de Coulomb, dada por $K \approx 8{,}98 \cdot 10^9$ Nm^2/C^2.

Carga elétrica

é que A e B apresentam a mesma área superficial. Fazendo o contato entre A e B e posicionando-os novamente na distância d, quanto vale a força eletrostática de interação entre ambas em termos de F?

Figura
Esquema ilustrativo

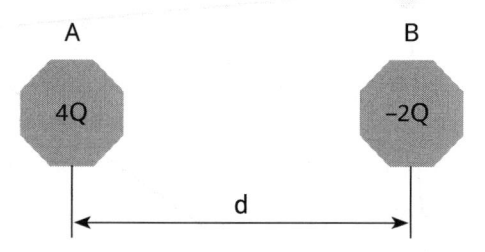

A: 4Q B: −2Q, distância d

5. Discuta com seus colegas as semelhanças e as diferenças da natureza da força descrita pela Lei de Coulomb e pela lei da Gravitação Universal de Newton e escreva suas conclusões.

6. Duas cargas Q e q estão separadas pela distância (2d) e se repelem com força (F). Calcule a intensidade da nova força de repulsão (F′) se a distância for reduzida a um terço e triplicada a carga Q.

7. Imagine novamente duas cargas Q e q, que estão separadas pela distância d e se repelem com força F. Se a distância d for multiplicada por um fator λ, qual deve ser o fator pelo qual Q deve ser multiplicado para que a força F permaneça constante?

8. Faça uma análise dimensional e encontre as unidades das constantes G (da gravitação) e K (constante de Coulomb) no Sistema Internacional.

2.
Campo elétrico e Lei de Gauss

Campo elétrico e Lei de Gauss

Neste capítulo vamos explorar um dos conceitos mais abstratos da física dos séculos XIX e XX – o conceito de **campo**, ideia utilizada por muitos pesquisadores para quantificar forças de uma forma mais geral e com menor trabalho algébrico para a quantificação de suas grandezas. Trabalhos matemáticos feitos por pesquisadores como Johann Carl Friederich Gauss (1777-1855) e William Hamilton (1805-1865) permitiram que essa forma de compreensão dos fenômenos elétricos fosse amplamente divulgada.

2.1 Contexto histórico

Como tratamos no primeiro capítulo, é possível detectar uma quantidade chamada de *carga elétrica*, que causa uma interação entre dois corpos, de atração ou repulsão. Conseguimos, inclusive, determinar quais processos indicam esse acúmulo de carga em corpos. Apresentamos, em um primeiro momento, a Lei de Coulomb da eletrostática, que determina a intensidade da força elétrica que atua entre dois corpos carregados com cargas **q** e **Q** e que estão separados por uma distância **r**. De forma matemática, a expressão é dada por:

$$\vec{F} = K \frac{qQ}{r^2} \hat{r} \qquad (2.1)$$

Com $K = 8{,}89 \times 10^{-9} \, \frac{Nm^2}{C^2}$

A constante **K** é conhecida como *constante de Coulomb* e nos permite um ajuste de unidades para relacionar as grandezas. Essa notação é diferente da equação apresentada no capítulo anterior. A razão disso se dá em virtude da maneira vetorial com que podemos expressar a força. O tratamento matemático vetorial é adequado para a expressão de forças de qualquer natureza, pois estas são grandezas que apresentam três propriedades: direção, sentido e intensidade.

Em alguns momentos, a direção e o sentido podem ser unificados com base na definição de um sistema de coordenadas orientadas. Assim, se convencionamos um plano cartesiano com orientação positiva para direita e para cima e negativa para esquerda e para baixo e definimos que o ângulo de orientação é tomado com relação ao eixo **x**, partindo do lado positivo do eixo, podemos determinar o sentido e a direção da força simplesmente por meio de um único valor: o **ângulo**. Vejamos a figura abaixo.

Figura 2.1
Sistema de orientação de vetores

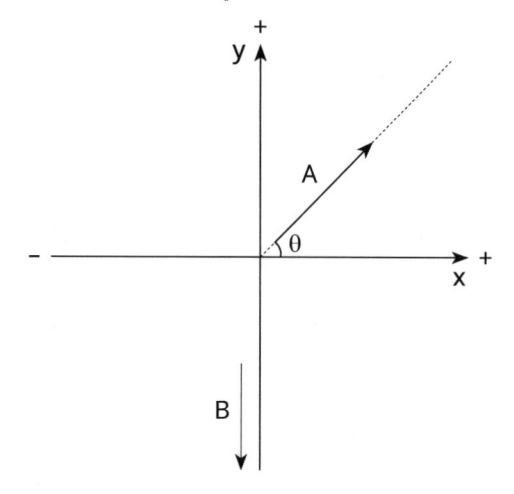

O vetor **B** está na direção vertical no sentido de cima para baixo. No entanto, podemos informar que ele está a θ = 270° com relação ao eixo **x**.

Podemos observar que a informação de que o ângulo θ tem o valor de $\frac{3\pi}{2}$ no vetor **B** já nos dá seu sentido e direção, enquanto $\theta = \frac{\pi}{2}$ indica o sentido e a direção do vetor **A**.

Mesmo com esses dados, a intensidade da força (ou seja, o módulo do vetor) continua sendo uma grandeza que depende de outros fatores que normalmente estão associados à natureza dela. Essa natureza pode depender da distância entre os corpos que sofrem a ação da força, da superfície de contato dos corpos submetidos às forças etc.

Nesse sentido, a questão de se entender como obtemos a força com base em uma outra grandeza pode ser interessante, pois não necessitamos mais de tanta especificidade, uma vez que temos uma grandeza que depende apenas do espaço. Denominamos essa grandeza *campo de força*. A ideia de campo de vetores era algo que começou a se desenhar no meio acadêmico por volta do século XIX. Um **campo de força** pode ser entendido como uma região no espaço em que as forças estão orientadas de uma forma preferencial.

Segundo esse princípio, a força que atua em um campo pode ser descrita com base em uma relação simples entre o campo e o ente que sofre a força. Normalmente, o vetor **força** está relacionado com o vetor **campo** apenas por uma relação mediada por uma grandeza escalar. No caso do campo elétrico, **carga de prova** é o ente que sofre a ação da força.

Assim, no campo elétrico, uma carga de prova **q** na ação de um campo **E**, gerado por uma distribuição de cargas qualquer, sofre a ação de uma força **F** dada por:

$$\vec{F} = q\vec{E} \qquad (2.2)$$

A Figura 2.2 ilustra graficamente a ação do campo elétrico e a ação da força.

Figura 2.2
Ilustração de um campo elétrico $\vec{E}$ gerado por uma carga **Q**

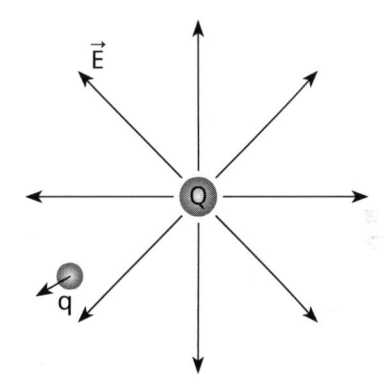

É importante observar que o campo $\vec{E}$ pode ser gerado por qualquer distribuição de cargas elétricas, inclusive uma única carga **Q**. Usando essa definição e a Lei de Coulomb, chegamos à expressão que relaciona o campo elétrico com a distância relativa da carga de prova e da carga geradora. E, finalmente, temos uma expressão para o campo:

$$\vec{E} = K\frac{Q}{r^2}\hat{r} \qquad (2.3)$$

De maneira intuitiva, podemos pensar na grandeza **campo elétrico** como uma região do espaço em que a ação da força elétrica é orientada com base em características do espaço que

Campo elétrico e Lei de Gauss

podem ser descritas por um sistema de coordenadas. Algo como uma "aura" (Goldman; Lopes; Robilotta, 1981) que envolve a carga geradora e cujas cargas de prova "sentem" seus efeitos.

> O conceito de campo foi uma construção teórica gradativa que começou com Michael Faraday (1791-1867) no século XIX. Faraday sugeriu que a força elétrica permeia todo o espaço e está direcionada sobre linhas bem definidas, as **linhas de força**.

Na região do espaço em que as linhas estejam mais próximas, a intensidade da força resultante é maior e não há nenhum lugar no espaço onde essas linhas se cruzem.

Figura 2.3
Representação das linhas de campo elétrico sem a presença da carga teste

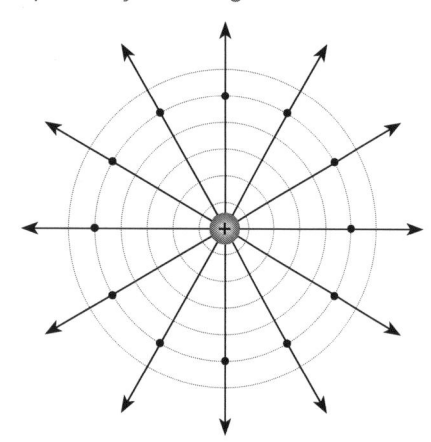

Fonte: Adaptado de Lana, 2005.

Vamos pensar novamente na questão das forças, como vimos no capítulo anterior: cargas com sinais opostos se atraem e as de mesmo sinal se repelem. Podemos deduzir que as cargas geradoras podem gerar campos com sentidos diferentes. Convencionou-se dizer que as cargas positivas geram um campo de afastamento, e as negativas, um campo de aproximação, em função do sinal das linhas do campo de vetores por elas gerado.

Figura 2.4
Esquema comparativo entre os campos de aproximação e de afastamento

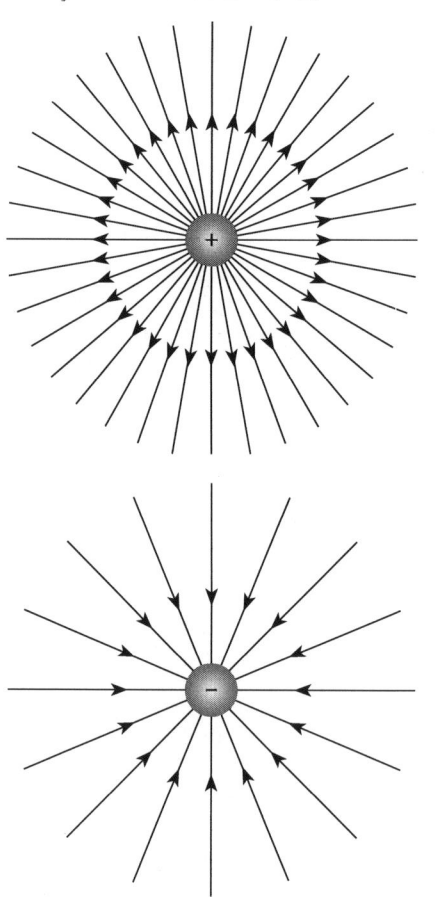

Fonte: Adaptado de Lana, 2005.

A definição de campo de forças de Faraday com o formalismo matemático foi muito útil para uma descrição mais precisa da natureza dos fenômenos elétricos. O já citado matemático, físico e astrônomo alemão Gauss descreveu matematicamente a relação dessas linhas de campo. No entanto, muitas vezes, ao lermos livros de engenharia, ficamos um tanto assustados sem saber a origem desse tipo de tratamento, o que nada mais é do que a simplificação de um conceito complexo.

2.2 Conceito de campo

Nos dias de hoje, existem diversas atividades na internet que ilustram o conceito de **campo elétrico**. Este livro procura abordar os conceitos físicos e tenta apresentar uma visualização desses conceitos no mundo do trabalho atual, pois, muitas vezes, a abstração advinda do estudo acadêmico pode ser um empecilho em vez de um fator facilitador.

A seguir, há um roteiro para podermos pesquisar na internet ilustrações sobre campo elétrico e que pode ser muito útil na compreensão desse conceito. O roteiro, em resumo no quadro a seguir, não é um passo a passo do que devemos fazer, mas um indicativo das perguntas que podemos nos fazer para verificar nossa compreensão.

> **Passos**
> Faça uma pesquisa a respeito de ilustrações sobre o campo elétrico buscando apenas vídeos.
> Faça a mesma pesquisa anterior, agora prestando atenção em figuras e textos.
>
> **Questões**
> 1. O campo elétrico é uma propriedade do espaço ou das cargas?
> 2. Na ausência da carga de prova, ainda existe campo elétrico?
> 3. Campo elétrico é uma grandeza real ou imaginária?

Vamos organizar essas ideias para responder à questão: Como representamos o conceito de campo elétrico?

2.3 Lei de Gauss

Como citamos, a ideia de campo elétrico como *um conjunto de vetores relacionados ao espaço* foi muito útil para a simplificação dos cálculos e para previsões práticas da eletrostática. Essa noção de *campo* facilitou os cálculos para a aplicação da Lei de Coulomb a diferentes distribuições de carga, a despeito de não ser seu objetivo final.

Campo elétrico e Lei de Gauss

Como também mencionamos, coube a Gauss apresentar uma formulação matemática mais simples e precisa para o conceito de campo vetorial, que pudesse ser usada em diversos tipos de força – por exemplo, na gravitacional. No entanto, não entramos nos detalhes dessa formulação, tentamos, sim, ilustrá-la com ideias do dia a dia.

Imagine que alguém ganhou um porta-retratos e pretende deixá-lo pendurado na parede, mas procura o melhor ponto para que não fique torto. Normalmente, encontramos o ponto de equilíbrio no ponto médio de figuras regulares como quadrados, retângulos e triângulos. Há casos mais complicados, como o da batata, na Figura 2.5. Nela, também existe o mesmo ponto, mas encontrá-lo é uma tarefa empírica em que se equilibra o corpo em um único ponto, que é chamado de **centro de gravidade** ou **centro de massa**.

O mesmo conceito se aplica quando pensamos em uma região do espaço e como as linhas de força atuam nessa região.

Figura 2.5
Analogia com o centro de massa

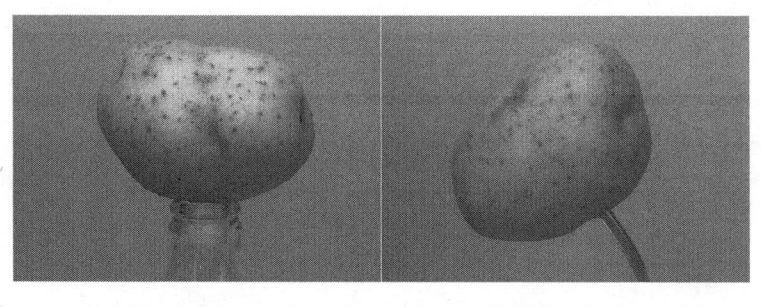

Se a força é aplicada em um determinado ponto, não temos a necessidade de uma grande área. Toda a massa parece estar em um único ponto.

A Lei de Gauss parte do mesmo princípio. É uma lei idealizada para quantificar a intensidade do campo em uma região do espaço, independentemente da forma do corpo que tem essa carga. Na Figura 2.4, mostramos uma representação das linhas de campo geradas por cargas pontuais – sejam positivas, sejam negativas –, mas não falamos que essas cargas podem estar encerradas em corpos não pontuais com uma geometria complexa. A ideia da Lei de Gauss é quantificar quantas linhas de campo atravessam uma superfície hipotética que envolve as cargas. Essa superfície é chamada de *superfície gaussiana*.

Assim, ao envolvermos as cargas, podemos estabelecer qual é o fluxo (quantidade de linhas de campo) que atravessa essa superfície. A ideia intuitiva é esta, apesar de matematicamente ser muito mais sofisticado, o que temos com a Lei de Gauss é a missão de medir o **fluxo elétrico**: quanto do campo elétrico atravessa a superfície. Matematicamente:

$$\Phi = \int \vec{E} \cdot \hat{n} \, dS \qquad (2.4)$$

Em que Φ é o fluxo, $\vec{E}$ é o vetor campo elétrico e dS é o infinitésimo da superfície orientada pelo versor diretor $\hat{n}$. A unidade de fluxo de campo elétrico é Nm^2/C.

Para não ficarmos pensando apenas nas integrais, podemos começar a trabalhar com figuras simples, como uma placa retangular ilustrada pela figura a seguir:

Figura 2.6
Representação de uma placa retangular submetida a um campo elétrico

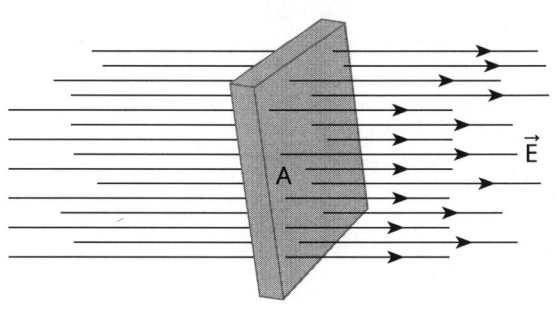

O fluxo do campo pode ser entendido como a quantidade de linhas de campo que passam pela superfície.

Fonte: Adaptado de Tipler; Mosca, 2013, p. 47.

Se o versor $\hat{n}$ é paralelo ao vetor $\vec{E}$, todas as linhas de campo passam por **A**; logo, o fluxo será:

$$\Phi = EA \qquad (2.5)$$

O enunciado completo da Lei de Gauss permite-nos relacionar o fluxo elétrico causado pela carga com a carga geradora do fluxo por meio da expressão:

$$\int \vec{E} \cdot \hat{n} \, dS = \frac{Q}{\epsilon_0} \qquad (2.6)$$

É provável, ao olharmos para essa equação, com exceção do $\vec{E}$ e da carga **Q**, que não encontremos nenhuma semelhança com o campo da equação 2.3. Mas, antes que tornemos esse pensamento uma conclusão cabal, precisamos apresentar o significado da grandeza ϵ_0 da equação 2.6. Essa grandeza é denominada *permissividade elétrica do vácuo* e está relacionada com a "facilidade" com que o campo elétrico é formado em um dado meio. Em breve, encontraremos uma relação entre essa grandeza e a constante de Coulomb presente na Lei de Coulomb, equação 2.3.

A equação 2.6 relaciona o fluxo elétrico, sendo, portanto, uma quantidade escalar, como era de se esperar, com um produto escalar.

Agora, podemos pensar: Como a Lei de Gauss pode nos ajudar a calcular um campo elétrico de uma distribuição de cargas?

Para responder a essa questão, nada melhor do que exemplos. Mencionaremos a seguir um clássico, cujo resultado já conhecemos. Depois, faremos o cálculo para uma linha infinita carregada, usando a Lei de Coulomb e a Lei de Gauss a fim de podermos comparar as duas técnicas.

Exemplo 1

Calcule o campo elétrico gerado por uma carga **Q** usando a Lei de Gauss (Dica: imagine uma superfície esférica que envolva a carga).

Resolução

Apesar de aparentemente ser um exercício meramente acadêmico, o cálculo do campo elétrico gerado por uma carga é importante para depois tratarmos de exemplos mais extremos. Um avião em repouso com sua fuselagem carregada – a uma certa distância de um observador – pode ser entendido como uma partícula que gera um campo elétrico (posteriormente

Campo elétrico e Lei de Gauss

ficará mais claro o porquê do uso de um avião como exemplo). Para resolvermos esse problema, podemos apenas imaginar que a carga está envolta por uma esfera de raio **R** e que a superfície dela é orientada para fora, como mostra a Figura 2.7 a seguir. O infinitésimo de área **dA** também é ilustrado na figura a seguir:

Figura 2.7
Representação da superfície esférica para o cálculo do campo elétrico com base na Lei de Gauss

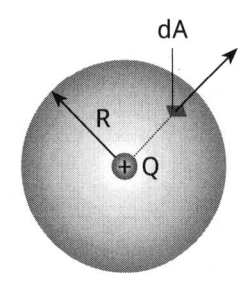

Fonte: Adaptado de Tipler; Mosca, 2013, p. 48.

Precisamos calcular o fluxo em uma área. Para determinarmos a área, definimos uma distância fixa. A superfície de uma esfera é o lugar geométrico definido por um dado raio, nesse caso, **R**. Utilizando a Lei de Gauss, precisamos descrever o infinitésimo da área no lado esquerdo da equação 2.6, pois o lado direito já conhecemos, uma vez que a única carga envolta dentro da esfera é a carga Q.

$$\iint_0^{2\pi} \vec{E}\,\hat{r}\,R^2\,\text{sen}(\theta)\,d\theta\,d\varphi \qquad (2.7)$$

Talvez não saibamos a origem de **R** na expressão, mas a razão ocorre porque estamos definindo como constante o raio; sendo assim, apenas os ângulos polar (θ) e azimutal (φ) variam entre intervalos de 0 a 2π. Dizemos que o campo vetorial não depende desses ângulos, já que é constante. Logo, chegamos à expressão:

$$|\vec{E}| = \frac{Q}{4\pi\epsilon_0 R^2} \qquad (2.8)$$

Colocamos em módulo o campo elétrico, pois assumimos que ele seria radial. É importante observar que essa expressão é idêntica à obtida pela Lei de Coulomb, pois a constante de Coulomb pode ser dada por:

$$k = \frac{1}{4\pi\epsilon_0} \qquad (2.9)$$

Exemplo 2

Calcule o campo elétrico gerado por um fio de comprimento infinito, de raio ρ, que tem uma densidade linear de carga elétrica λ, $\lambda > 0$, em um ponto perpendicular ao fio. Sendo $r \gg \rho$, com r definido como a distância do ponto z a um elemento qualquer do fio. Use a Lei de Coulomb e a Lei de Gauss e compare os resultados.

Resolução

Este é mais um problema que aparenta ser apenas acadêmico, mas, se tivermos em mente que um fio que gera um campo elétrico pode ser observado de uma distância tão grande que ele pareça uma linha, não consideraremos esse problema tão absurdo. Não calcularemos o valor do campo para dentro do fio por razões que ficarão mais evidentes adiante (e não usaremos qualquer artefato matemático). O comprimento infinito do fio também é justificável se pensarmos que, para grandes comprimentos, quando nos fixamos em um ponto, um cilindro pode parecer infinito.

Com a Lei de Coulomb, sabemos que:

$$\vec{E} = \frac{Q}{4\pi \epsilon_0 r^2} \hat{r} \quad (2.10)$$

Nessa expressão, utilizamos a constante de Coulomb expressa em termos da permissividade elétrica do vácuo. Nesse ponto, devemos desenhar a situação da qual estamos tratando.

Na Figura 2.8, a seguir, percebemos que o infinitésimo de carga dq_1 produz o infinitésimo de campo dE_1. Na outra extremidade do fio, o infinitésimo dq_2 produz, igualmente, dE_2. Notamos que, se decompusermos os infinitésimos de campo em y e z, as componentes em y anulam-se e somam-se em z. Com isso, temos a seguinte expressão para o infinitésimo do módulo do campo:

$$|d\vec{E}| = 2dE_z = 2\, dE \cos(\theta) \quad (2.11)$$

Figura 2.8
Exemplo sobre o fio infinito de densidade linear de carga elétrica λ

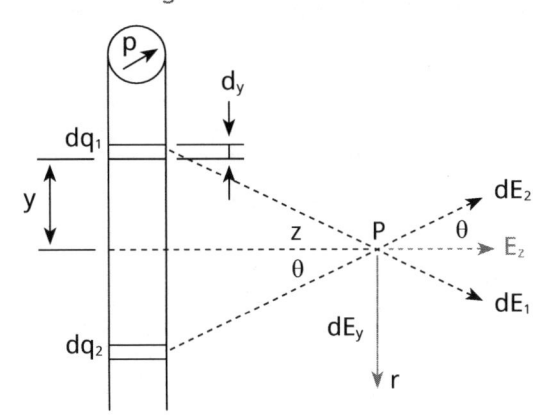

Devemos expressar em termos de grandezas o ângulo θ, pois é necessário somar (integrar) todas as contribuições ao longo do fio. As grandezas mais importantes nesse momento são a distância **z** e o módulo do vetor posição $\vec{r}$. Assim, teremos $\cos(\theta) = \frac{z}{r}$, e o módulo quadrático do vetor posição pode ser dado por $r^2 = y^2 + z^2$.

Para escrevermos o infinitésimo do campo elétrico, dE, usando a Lei de Coulomb, temos:

$$dE = \frac{dq}{4\pi \epsilon_0 r^2} \quad (2.12)$$

Nesse momento, não enumeramos o infinitésimo de carga, pois tratamos apenas de um dos lados do fio, já que apenas uma parte contribui. O dq pode ser expresso em termos da densidade linear de carga λ como $dq = \lambda dy$.

Assim, chegamos a uma expressão mais integrada do infinitésimo do campo elétrico.

$$dE = \frac{dq}{4\pi \epsilon_0 r^2} = \frac{\lambda dy}{4\pi \epsilon_0 (y^2 + z^2)} \quad (2.13)$$

Campo elétrico e Lei de Gauss

Como vamos considerar apenas uma parte do fio, faremos a integração do valor 0 até $+\infty$, mas esse tipo de integração não é simples. Usando nossos conhecimentos de cálculo integral, podemos identificar uma integral trigonométrica na expressão acima. Assim:

$$\text{tg}(\theta) = \frac{y}{z} \Rightarrow y = z\,\text{tg}(\theta)$$

Como a distância z é uma constante, temos $dy = z\sec^2(\theta)\,d\theta$ e $(y^2 + z^2) = z^2(\text{tg}(\theta)^2 + 1) = z^2\sec^2(\theta)$. Inserindo na equação 2.11 e integrando, temos:

$$|\vec{E}| = \int |\vec{E}| = 2\int dE \cos(\theta) = 2\int_0^{2\pi} \frac{\lambda z \sec(\theta)^2}{4\pi\epsilon_0\, z^2 \sec(\theta)^2}\cos(\theta)\,d\theta = \int_0^{\frac{\pi}{2}} \frac{\lambda}{2\pi\epsilon_0 z}\cos(\theta)\,d\theta$$

Os limites de integração foram determinados levando-se em conta que, quando o ângulo varia de 0 a 90°, um dos lados do fio varia de zero ao infinito. Essa integral pode ser resolvida de forma bem simples e seu valor é 1. Após nossa análise vetorial, chegamos à conclusão de que a direção do vetor campo elétrico será em z e finalmente temos a expressão do campo elétrico, usando a Lei de Coulomb:

$$\vec{E} = \frac{\lambda}{2\pi\epsilon_0 z}\hat{z} \tag{2.14}$$

Agora, façamos o mesmo problema usando a Lei de Gauss. Para chegarmos à solução, pensaremos em uma superfície cilíndrica de comprimento dy que reveste o cilindro, como mostra a Figura 2.9.

Figura 2.9
Esquema ilustrativo para uma superfície gaussiana cilíndrica sobre um fio

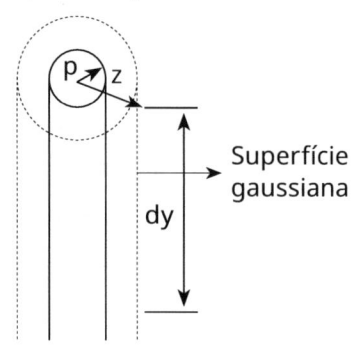

Com a Lei de Gauss:

$$\int \vec{E}\cdot\hat{n}\,dS = \frac{Q}{\epsilon_0} \Rightarrow |\vec{E}|\int dS = \frac{\lambda\,dy}{\epsilon_0} \tag{2.15}$$

No segundo passo, assumimos que o campo é constante em todo o espaço e tomamos a carga encerrada no comprimento dy do cilindro. A área do cilindro correspondente à figura gaussiana pela qual o campo passa será a área lateral do cilindro de raio z e comprimento dy. Assim:

$$|\vec{E}| \int dS = |\vec{E}| \, 2\pi z dy = \frac{\lambda dy}{\epsilon_0} \Rightarrow |\vec{E}| = \frac{\lambda}{2\pi \, z \, \epsilon_0} \quad (2.16)$$

O campo deve ter a mesma direção de z. Assim, chegamos ao mesmo resultado após duas linhas de resolução. Essa é uma prova do poder do uso da Lei de Gauss. O leitor atento pode se perguntar sobre a promessa do cálculo do campo elétrico dentro do fio condutor. O cálculo na verdade surge por causa da natureza da carga elétrica. Quando temos um condutor que apresenta cargas elétricas livres, estas se concentram na superfície. A Figura 2.10 ilustra as linhas de campo entre dois corpos:

Figura 2.10
Linhas de campo entre dois corpos carregados

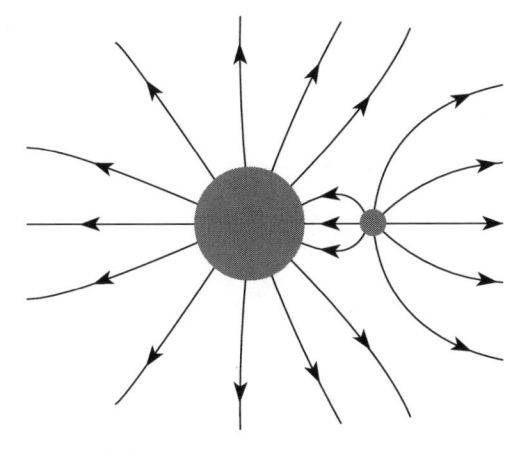

Fonte: Adaptado de Tipler; Mosca, 2013, p. 20.

Podemos perceber que há uma simetria: as linhas de campo em um dado sentido anulam as que estão saindo em outro e, dessa forma, o campo dentro da superfície é nulo. A própria Lei de Gauss nos leva a esse resultado pelo fato de que, se criarmos uma superfície que não é capaz de detectar as cargas elétricas, o campo elétrico será nulo. Mas esse também é um resultado experimental. Faraday, no século XIX, já percebia esse efeito colocando uma garrafa de Leyden (instrumento que é capaz de detectar campos elétricos) – que antes era alterada por um bastão carregado – dentro de uma gaiola feita de material condutor, e esta não mostrava sensibilidade ao campo dentro da gaiola. Esta é a chamada *gaiola de Faraday*, que é útil até os dias de hoje.

> De maneira pragmática, as ondas eletromagnéticas (que discutiremos em um capítulo posterior) somente são capazes de se propagar em uma região com a presença do campo elétrico. Se não há campo elétrico, não existe onda eletromagnética se propagando.

Assim, muitas estruturas metálicas podem dificultar a recepção de sinais de celular e GPS pelo efeito da gaiola de Faraday.

Um teste prático é pensar que, em nossas residências, para alguns aparelhos, o ideal é que não haja perda de ondas eletromagnéticas. Um exemplo é o forno micro-ondas. Para verificarmos que o forno funciona como uma gaiola de Faraday, colocamos um celular no

Campo elétrico e Lei de Gauss

interior deste e percebemos que um bom sinal de celular foi anulado. Se isso não ocorrer, é porque que existem ondas eletromagnéticas podendo se propagar dentro do micro-ondas e você necessita visitar um técnico em eletrônica para consertar o seu aparelho.

2.4 Construindo uma garrafa de Leyden

Como abordado na seção anterior, a gaiola de Faraday isola em seu interior um corpo que, caso contrário, estaria sujeito a um campo elétrico. A carga elétrica pode também ser aprisionada em um artefato chamado de *capacitor* (veremos seu funcionamento em capítulos posteriores). No entanto, podemos armazenar carga elétrica advinda de um campo elétrico, como veremos no experimento a seguir.

O instrumento que faz isso é a garrafa de Leyden, que pode ser construída com alguns elementos simples.

Materiais

- 1 garrafa isolante (uma garrafa PET, por exemplo);
- 1 fio condutor;
- papel alumínio em quantidade para revestir a garrafa;
- água para encher a garrafa.

Procedimentos

1. Fure a tampa da garrafa e insira o fio condutor na tampa de tal forma que fique fixo, com parte dentro da garrafa e parte fora. Revista a garrafa com o papel alumínio pelo lado de fora. Encha-a com água.
2. Aproxime a garrafa de um monitor de computador ou televisão. Pegue um fio elétrico e tire parte da capa isolante dos terminais. Toque no fio condutor da garrafa com o fio elétrico e veja o que acontece.

Figura 2.11
Representação do experimento

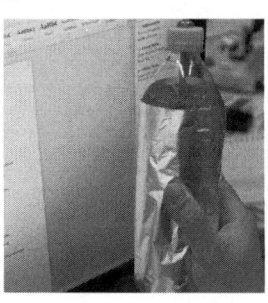

A – Foto de uma garrafa de Leyden. Nesse caso, usamos um parafuso como fio condutor. B – Processo de carregamento da garrafa.

Se tocarmos com a mão na garrafa, levaremos um pequeno choque, que será tanto maior quanto maior for o monitor que utilizarmos para carregar a garrafa.

Para entender o que ocorreu, podemos pensar novamente na ideia de condutores e isolantes. O campo elétrico externo da garrafa induz as cargas livres do condutor, uma orientação definida. Essas cargas acabam por ser armazenadas dentro da garrafa e, ao tocarmos o fio, forma-se uma "faísca", o pequeno choque que citamos. Essa simples atividade ilustra como o campo elétrico preenche as várias regiões do espaço.

2.5 Dipolos elétricos

Agora iremos pensar em uma abstração matemática que nos permite várias aplicações físicas. Trata-se do dipolo elétrico, que, por definição, é um par de cargas elétricas de sinais opostos, mas que têm o mesmo valor absoluto de carga, ou seja, a carga total do dipolo é nula. Podemos adotar uma das cargas como a origem de um sistema de coordenadas e descrever o vetor que liga as duas cargas, denominando-o $\vec{d}$. A Figura 2.12 ilustra esse conceito.

Figura 2.12
Dipolo elétrico localizado na origem do sistema de coordenadas

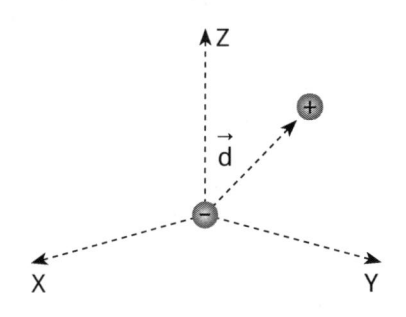

Chamamos de *momento de dipolo elétrico p* o vetor dado por:

$$\vec{p} = q\vec{d} \qquad (2.17)$$

Esse vetor apresenta muitas semelhanças com o vetor **momento linear** da mecânica clássica, que estudamos anteriormente, e é o produto entre a massa de um corpo e sua velocidade. Nesse caso, o valor da carga associado **q** é o valor em módulo de uma das partículas, já que a carga total é nula.

Novamente é importante ressaltar que o dipolo elétrico é uma ferramenta importante, pois associa muito da dinâmica da mecânica clássica com a eletricidade. Como na presença de um campo elétrico $\vec{E}$ surgem forças de sentidos contrários no dipolo, o qual estará em equilíbrio translacional, pois a somatória das forças será nula, mas não existirá equilíbrio rotacional, uma vez que há um binário de forças. Nesse binário, surgirá um torque, τ, dado por:

$$\vec{\tau} = \vec{p} \times \vec{E} \qquad (2.18)$$

A importância desse resultado reside no fato de que podemos observar comportamento rotacional em muitas partículas neutras pela ação do campo elétrico. Um exemplo clássico de partícula neutra são os átomos dentro de nosso modelo atual da matéria. Apesar de apresentarem carga nula, dependendo da intensidade do campo elétrico e de sua direção, podemos detectar rotações em algumas partículas. Apenas a critério de conhecimento, apresentamos a segunda Lei de Newton das rotações para servir como ilustração da importância do estudo dos dipolos elétricos.

$$|\vec{\tau}| = I\alpha \qquad (2.19)$$

Campo elétrico e Lei de Gauss

A equação 2.19 relaciona o momento de inércia de um corpo (I) e a aceleração angular do corpo (α). Esse resultado é análogo ao da fórmula $\vec{F} = m\vec{a}$, pois o momento de inércia está relacionado à massa, ou seja, a resistência ao movimento de rotação do corpo. A equação 2.19 mostra, também, que, sabendo o torque que atua no corpo, podemos descrever univocamente o seu movimento. Todas as grandezas da mecânica continuam plenamente aplicáveis aos fenômenos elétricos. O escalar energia cinética (E_c), que relaciona a massa e a velocidade do corpo, e a aceleração podem descrever o movimento dos corpos com base nas equações de movimento e, assim, sucessivamente.

Exemplo 3

Em uma região do espaço, há atuação de um campo elétrico orientado de cima para baixo. Caindo de uma outra região mais alta, pequenas gotas de óleo de densidade 0,8 g/cm³ entram nessa região.

1. Quando o campo elétrico tem uma intensidade de 240 N/C, uma gota fica imóvel. Qual é a densidade de carga elétrica nesta gota?
2. Após um tempo, aumentamos o campo e percebemos que a gota sobe 10 mm, chegando a uma velocidade de 2 mm/s. Qual é o aumento na intensidade do campo?

Resolução

Em 1, o primeiro passo é entender que a força gravitacional e a elétrica tiveram o mesmo módulo no momento em que a gota sofreu a ação do campo. Como a força gravitacional é orientada de cima para baixo, assim como o campo elétrico, a gota está carregada negativamente. Em módulo, temos:

$$|\vec{F}_g| = |\vec{F}_e| \Rightarrow mg = qE_0 \Rightarrow q = \frac{mg}{E_0} = \frac{V\rho g}{E_0} \Rightarrow \frac{q}{V} = \frac{\rho g}{E_0}$$

A razão do lado esquerdo corresponde à densidade volumétrica de carga e obtemos 3,33 c/m³. Esse valor é obtido a partir da densidade de massa do óleo dada pelo problema.

Em 2, como a gota se deslocou 10 mm e adquiriu uma velocidade saindo do repouso, esta conta com uma aceleração que podemos obter pela equação de Torricelli da mecânica clássica. Assim:

$$v^2 = v_0^2 + 2\alpha \Delta X$$

Em que α e ΔX são a aceleração e o espaço percorrido, respectivamente. Substituindo os valores, encontraremos $\alpha = 2 \cdot 10^{-4}$ m/s². Usando a segunda Lei de Newton, que diz: "a somatória das forças atuantes sobre um corpo é numericamente igual ao produto da massa pela aceleração", e aplicando-a em equações, temos:

$$m\vec{a} = \vec{F}_e - \vec{P} = q\vec{E} - mg\hat{j}$$

Essa expressão vetorial nos indica que o campo elétrico deve estar na direção vertical no sentido positivo do eixo, ou seja, contrária à força peso. A carga elétrica da gota pode ser obtida pelo produto da densidade de carga (obtida no item anterior) com o volume da gota. Temos, assim, a seguinte expressão para o módulo do campo elétrico.

$$|\vec{E}| = \frac{m \cdot (\alpha - g)}{q}$$

Considerando o valor inicial do módulo do campo elétrico $|E_0|$ (com aceleração nula), podemos definir que o aumento do campo elétrico é a diferença entre o módulo do campo atual $|E|$ e o seu valor inicial. Após algumas manipulações, teremos:

$$|\vec{E}| - |\vec{E}_0| = \frac{E_0}{g}\alpha$$

Ou seja, o aumento é da ordem de 10^{-5} do campo elétrico.

Podemos observar algumas dificuldades experimentais. A gota deve se deslocar bem na vertical; não é fácil observá-la. Outro problema é a estimativa da velocidade desenvolvida pela gota.

Esse aparato experimental é uma simplificação do clássico experimento que determinou a carga do elétron, feito por Robert Millikan em 1905. É possível ver mais desse experimento no *website* da Universidade Estadual Paulista (Unesp, 2016) e o próprio trabalho didático de Millikan (1911).

Esse exercício nos mostrou como podemos obter parâmetros mecânicos associados a grandezas elétricas. Nesse exemplo, ficamos apenas no campo da translação; o conteúdo referente às rotações será mais desenvolvido nos exercícios.

Para concluirmos, vamos obter o campo elétrico gerado por um dipolo com base na Lei de Coulomb. A figura a seguir indica um dipolo elétrico e vamos calcular o campo em um ponto **P**.

Figura 2.13
Representação de um sistema de coordenadas para o cálculo do campo elétrico gerado por um dipolo elétrico

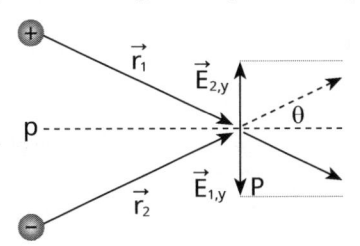

Campo elétrico e Lei de Gauss

Pela figura, podemos perceber que as componentes verticais do campo elétrico se anulam. Esse resultado é mais evidente se pensarmos no caso particular em que **P** é um ponto equidistante. A componente horizontal pode ser obtida com base na Lei de Coulomb:

$$\left|\vec{E}_x\right| = E_x^+ - E_x^- = \frac{1}{4\pi\epsilon_0}\left(\frac{q}{|\vec{r}_1|^2} - \frac{q}{|\vec{r}_2|^2}\right)\cos(\theta) = \frac{q}{4\pi\epsilon_0}\left(\frac{|\vec{r}_2|^2 - |\vec{r}_1|^2}{|\vec{r}_1|^2|\vec{r}_2|^2}\right)\cos(\theta) \tag{2.20}$$

Usando o limite para o caso em que o ponto P está muito distante do dipolo, teremos $\vec{r}_1 \cong \vec{r}_2 \cong \vec{r}$ e fazendo algumas manipulações:

$$\left|\vec{E}_x\right| = \frac{q}{4\pi\epsilon_0}\left(\frac{(\vec{r}_2 - \vec{r}_1)\cdot(\vec{r}_2 + \vec{r}_1)}{|\vec{r}|^4}\right)\cos(\theta)$$

Como $\vec{r}_1 - \vec{r}_2 \cong d$ e $\vec{r}_2 + \vec{r}_1 \cong 2|\vec{r}|$, temos que:

$$\left|\vec{E}_x\right| = \frac{q}{2\pi\epsilon_0}\left(\frac{d}{|\vec{r}|^3}\right)\cos(\theta)$$

Sabemos que $|\vec{p}| = qd$. Com essa expressão, podemos perceber a magnitude do campo elétrico. Para o caso particular da componente perpendicular ao dipolo elétrico, temos:

$$(E_x) = \frac{p}{4\pi\epsilon_0}\cos(\theta)\,\hat{x} \tag{2.21}$$

Veja que esse é um valor do campo elétrico de um dipolo para uma posição específica perpendicular ao dipolo. Para o caso em que o ponto é paralelo ao dipolo, teremos essa componente nula, $\cos\left(\frac{\pi}{2}\right) = 0$, e podemos calcular o valor do campo usando o mesmo procedimento:

$$\left|\vec{E}_y\right| = E_y^+ - E_y^- = \frac{1}{4\pi\epsilon_0}\left(\frac{q}{|\vec{r}_1|^2} - \frac{q}{|\vec{r}_2|^2}\right) = \frac{q}{4\pi\epsilon_0}\left(\frac{1}{(y-d)^2} - \frac{1}{(y)^2}\right) \tag{2.22}$$

Na expressão (2.22), assumimos a carga negativa como a origem do sistema de coordenadas. Fazendo algumas manipulações matemáticas, temos:

$$\left|\vec{E}_y\right| = \frac{q}{4\pi\epsilon_0}\left(\frac{y^2 - (y-d)^2}{y^2(y-d)^2}\right) = \frac{q}{4\pi\epsilon_0}\left(\frac{2yd - d^2}{y^2(y-d)^2}\right)$$

Em um ponto bem acima do dipolo, podemos chegar à seguinte expressão, sem grandes erros, para o campo elétrico paralelo ao dipolo elétrico:

$$\vec{E} = \frac{p}{2\pi y^3 \epsilon_0}\hat{y} \tag{2.23}$$

Alguém poderá se perguntar: Por que não fazemos uma expressão para qualquer ponto no espaço? Podemos obter essa expressão de forma numérica porque a contribuição de cada componente do campo elétrico terá uma expressão não trivial em pontos distintos dos dois que calculamos. Pela Lei de Gauss, não temos simetria para o cálculo de forma simples. No próximo capítulo, discutiremos de maneira mais abrangente como calcular o campo elétrico do dipolo.

Em nosso dia a dia, podemos encontrar, para modelar a natureza, várias casos de estruturas teóricas que são aproximadas a dipolos elétricos, como, por exemplo, as moléculas diatômicas, as quais, mesmo nesses casos, não perdem a fidelidade à realidade. Sabendo o campo elétrico produzido por esses elementos, podemos encontrar muitas situações que podem ser detectadas experimentalmente, mesmo em materiais neutros como os condutores.

Síntese

Vimos, neste capítulo, que o campo elétrico é uma abstração matemática feita para facilitar o cálculo da força elétrica e da carga elétrica. Verificamos também que a Lei de Gauss é um artefato teórico utilizado para o cálculo do campo elétrico com base em uma distribuição de cargas elétricas e que o dipolo elétrico é uma construção teórica que pode ser muito útil na modelagem de campos elétricos em diversos materiais.

Atividades de autoavaliação

1. Um campo elétrico pode ser definido como:
    a) uma região no espaço com várias cargas elétricas que são descritas por linhas.
    b) uma região no espaço na qual a ação de uma ou mais cargas elétricas são descritas por linhas.
    c) uma região do espaço na qual as forças elétricas criam cargas elétricas no fim de linhas geométricas.
    d) uma abstração teórica que não descreve nenhum fenômeno físico.

2. Com relação à Lei de Gauss, assinale a alternativa correta:
    a) É um procedimento matemático para cálculo de forças não conservativas.
    b) Trata-se de um procedimento matemático para o cálculo de forças elétricas utilizando princípios de geometria.
    c) É um procedimento matemático para o cálculo de forças elétricas utilizando cargas magnéticas e elétricas.
    d) Refere-se a um procedimento matemático para o cálculo de forças elétricas utilizando analogias magnéticas.

3. Observe as afirmações a seguir e marque a alternativa que contém a resposta correta:
    i. As linhas de força do campo elétrico são grandezas físicas visíveis no dia a dia presentes em corpos sujeitos à atração elétrica.

Campo elétrico e Lei de Gauss

   ii. As linhas de força do campo elétrico são representações teóricas para explicar a atração que ocorre em corpos sujeitos à atração elétrica.
   iii. As linhas de força do campo elétrico são representações teóricas para explicar a atração elétrica e podem ser representadas por vetores.

   a) Todas as afirmativas estão corretas.
   b) Apenas as afirmativas I e II estão corretas.
   c) Apenas as afirmativas II e III estão corretas.
   d) Somente a afirmativa III está correta.

4. Quanto à superfície gaussiana discutida no decorrer deste capítulo, podemos dizer que consiste:
   a) na cobertura que fica sobre os corpos com carga elétrica.
   b) em uma abstração teórica para descrever a carga elétrica equivalente.
   c) em qualquer região do corpo que apresenta carga elétrica.
   d) em uma região do corpo que não apresenta carga elétrica.

5. O dipolo elétrico pode ser entendido como:
   a) qualquer par de duas cargas elétricas de sinais opostos separadas por uma distância finita.
   b) qualquer par de duas cargas elétricas de mesmo sinal separadas por uma distância finita.
   c) qualquer par de duas cargas elétricas de mesmo sinal separadas por uma distância infinita.
   d) qualquer par de duas cargas elétricas de sinais opostos separadas por uma distância infinita.

Atividades de aprendizagem

Questões para reflexão

1. Qual seria a vantagem do uso da Lei de Gauss sobre a Lei de Coulomb? Pesquise sobre trabalhos que indicam essa diferença e procure sintetizar as ideias.
2. Fazendo uma ligação com os conhecimentos de química, pesquise três materiais no quais as moléculas sejam diatômicas (formadas por dois átomos) e explique em quais condições estas se comportam como dipolos elétricos.

Atividade aplicada: prática

Usando o experimento da garrafa de Leyden, altere características de sua garrafa, como a quantidade de água e a área revestida de alumínio, e procure identificar as diferenças no processo de carregamento dela. Procure responder a questões como: Como se entende o campo elétrico formado ao redor da garrafa? Qual é a geometria do campo elétrico no elemento usado para carregar a garrafa?

Exercícios

1. Duas placas paralelas estão separadas por uma distância x e carregadas com cargas opostas de valor absoluto Q. Um corpo eletrizado com carga q é colocado na placa de sinal positivo.
   a) Determine a força elétrica que atua sobre o corpo eletrizado.
   b) Calcule a energia cinética adquirida pela carga ao atingir a placa com sinal negativo.

2. A superfície de um neurônio tem uma carga elétrica positiva. Imagine um neurônio na horizontal que pode ser aproximado a uma linha infinita de cargas positivas. Determine a intensidade do campo elétrico num ponto a uma distância y perpendicular dessa linha de cargas usando a Lei de Coulomb.

3. Uma maneira de determinar a massa de pequenas partículas é o espectrômetro de massa, que consiste na estimativa da massa de uma partícula baseada na deflexão da trajetória que esta descreve em um campo elétrico. Com base nessas informações, qual é a deflexão de um elétron que entra num campo elétrico uniforme de 12 kN/C, com energia cinética de $3 \cdot 10^{-16}$ J em uma região do espaço com 1,5 cm de largura? Dados: carga elétrica do elétron $1,6 \cdot 10^{-19}$ C.

4. Duas partículas de carga elétrica 1nC são mantidas separadas a uma distância de 5 mm. Qual é o momento de dipolo elétrico dessas cargas?

5. Qual é o torque máximo sobre um dipolo elétrico (cargas de 1μC) com 1 centímetro de comprimento num campo elétrico de 10^5 N/C constante?

6. Dois discos fixados em uma barra de 10 mm ficam carregados eletricamente, e as cargas são opostas: cada um com 2μC. Esse aparato apresenta um momento de inércia de 5 gm². Ao ser submetido a um campo elétrico de $2 \cdot 10^{-4}$ N/C, o aparato começa a girar.
   a) Qual será a aceleração angular do aparato?
   b) Se após 3 segundos o campo elétrico é abruptamente alterado para $-1 \cdot 10^4$ N/C, quanto tempo será necessário para que o aparato fique imóvel?

7. Seja uma superfície gaussiana um cilindro hipotético num campo elétrico uniforme de módulo E na direção de seu eixo. Determine o fluxo elétrico sobre esse cilindro.
   a) Na superfície lateral?
   b) No topo do cilindro?

Campo elétrico e Lei de Gauss

8. Dado um condutor de forma indefinida, determine o campo elétrico em um ponto qualquer distante desse condutor, em termos da densidade superficial de cargas. Para esse caso, assuma a densidade de carga constante.

9. Determine a intensidade do campo elétrico a uma distância r de uma linha infinita de cargas, utilizando a Lei de Gauss.

10. Dada uma linha infinita de cargas positivas repelindo um corpo eletrizado, qual é o ângulo entre um fio isolante e a linha de cargas?

3. Potencial elétrico, capacitores e dielétricos

Potencial elétrico, capacitores e dielétricos

Como vimos no capítulo anterior, o campo elétrico é uma abstração matemática que nos permite calcular de forma mais simples as linhas de força nas quais se manifestam os fenômenos elétricos. Essa é uma grande vantagem, mas com ela temos uma desvantagem também. O campo elétrico é uma grandeza vetorial que tem intensidade, sentido e direção; sendo assim, as medidas observadas dessa grandeza apresentam sempre essas três características. Neste capítulo, estudaremos a grandeza **potencial elétrico**, que é escalar e não apresenta essas três características. Utilizaremos os resultados do estudo dessa grandeza no controle de dois dispositivos importantes no desenvolvimento da tecnologia eletromagnética: o capacitor e os dielétricos.

3.1 Uma ferramenta muito útil

Não é comum precisarmos fazer algo, sabendo até como fazê-lo, mas não contarmos com a ferramenta adequada? Por exemplo, ao tentarmos soltar o suporte de um televisor, percebemos que os parafusos são diferentes de suas chaves. Algo semelhante ocorre quando desejamos medir grandezas elétricas, pois algumas apresentam muitas características intrínsecas ao campo elétrico. Em mecânica, medir a velocidade com precisão foi, durante muito tempo (antes do advento dos computadores e do GPS), uma tarefa que exigia vários protocolos, tudo em virtude de seu caráter vetorial.

Para tentar sanar esse problema, os teóricos desenvolveram várias técnicas para a medição e a interpretação de medidas em eletricidade. O objetivo ideal era sempre definir grandezas muito gerais e de fácil mensuração.

Nesse momento, temos uma visão geral do campo elétrico. Devemos agora pensar e, assim como o campo gravitacional, podemos desenvolver uma função que possa descrever a dinâmica do campo elétrico apenas com base em dois pontos no espaço. Existe também o apelo prático para a construção dessa função. Como vimos, nem sempre é tão simples o cálculo do campo elétrico usando a Lei de Coulomb.

Vamos pensar na mecânica como a conhecemos até o momento. Temos João (localidade **A**), que necessita ir até a casa de Francisco (localidade **B**). O caminho que ele está acostumado a utilizar é a via perene (indicada por **1**), mas há uma dúvida: Será que a via provisória (indicada por **2**) não é a melhor opção de trajeto?

Figura 3.1
Representação de dois caminhos possíveis entre a casa de João e a casa de Francisco

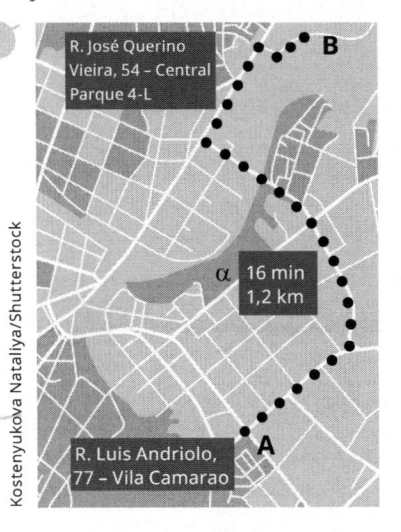

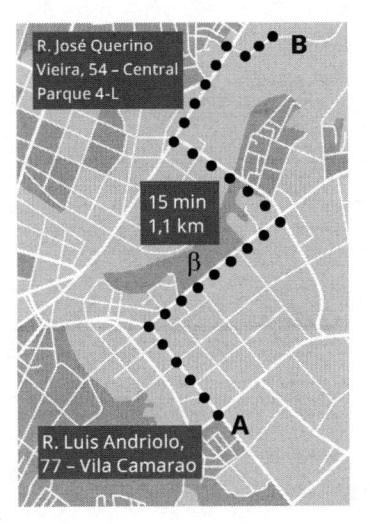

Para responder a essa pergunta, precisamos levar em conta o "esforço" que Francisco fará, além da distância que ele percorrerá. Sabendo todas as condições para a realização de trabalho mecânico ("esforço" de Francisco), podemos dizer que o trabalho realizado por uma força ($\vec{F}$) ao longo do caminho α é dado por:

$$W_{A\to B}^{\alpha} = \int_{A(\alpha)}^{B} \vec{F} \cdot \vec{dl} \quad (3.1)$$

A força $\vec{F}$ pode ser a força da gravidade? Sim. Sabemos que em todos os momentos em que ela for perpendicular ao deslocamento $\vec{dl}$, será nula. Disso surge a importância de, no dia a dia, se saber a topografia do terreno no qual se fará a caminhada (1 km na planície é muito diferente do que 1 km em uma montanha), mas o trabalho é válido para qualquer força.

Outra coisa que aprendemos em mecânica é que o teorema trabalho-energia-cinética nos afirma que o trabalho realizado por uma força em uma dada região é igual à variação da energia cinética (ΔK). Isso nos mostra indiretamente como a velocidade com que nos deslocamos varia. Ou seja:

$$W_{A\to B}^{\alpha} = \Delta K = K_B - K_A \quad (3.2)$$

Se a força é conservativa, isso quer dizer que a energia mecânica total (E_M) é conservada. Podemos escrever uma relação entre a energia cinética e a energia potencial (U), dada por:

$$\Delta E_M = 0 = \Delta K - \Delta U \quad (3.3)$$

A equação 3.3 diz respeito à ideia de que, se a energia mecânica total é constante, sua variação é nula. A variação da energia potencial pode ser obtida com base na força que atua no corpo, associando as expressões 3.1 até 3.3. Assim, temos:

$$\Delta U = -\int_{A}^{B} \vec{F} \cdot \vec{dl} \quad (3.4)$$

Como tanto o trabalho como a energia potencial são escalares, a dependência do caminho pelo qual o trabalho é feito é perdida. Dessa forma, a grandeza ΔU depende apenas dos pontos iniciais e finais.[i]

---

[i] Uma abordagem mais teórica de como esse procedimento é feito pode ser obtida mediante textos clássicos de mecânica (Nussenzveig, 2003; Symon, 1996) e um pouco mais de conhecimento sobre perda de informação em processos físicos, interpretados por formulações matemática, em alguns livros sobre termodinâmica e mesmo na teoria de probabilidades (Jaynes, 2003).

Potencial elétrico, capacitores e dielétricos

3.2 Potencial elétrico

Na sessão anterior, abordamos a variação da energia potencial de forma geral. Agora, vamos tratar dela de forma específica para a força elétrica. Fazendo isso primeiramente por meio do cálculo do trabalho realizado pela força elétrica para deslocar uma carga entre dois pontos **A** e **B**, ($W_{A \to B}$), obtemos:

$$W_{A \to B} = \int_A^B \vec{F}_{el} \cdot \vec{dl} = \int_A^B q\vec{E} \cdot \vec{dl} = -\Delta U \quad (3.5)$$

Agora, definimos a variação de potencial elétrico (ΔV) como a razão entre a energia potencial (ΔU) causada pela força elétrica e a carga elétrica submetida a esse trabalho. Temos, então, a seguinte expressão:

$$\Delta V = \frac{\Delta U}{q} = \int_A^B \vec{E} \cdot \vec{dl} \quad (3.6)$$

Vamos pensar em termos de unidade. Como a variação de energia potencial é um conceito mecânico, há a unidade *joule*. Logo, $[\Delta U]$ = joule no sistema internacional, e a unidade de potencial elétrico será dada pela combinação das unidades de energia e carga. Assim, $[\Delta V] = \frac{[\Delta V]}{[q]} = \frac{j}{c}$ = volt. Portanto, podemos dizer que, no sistema internacional, $1V = \frac{1\,Joule}{1\,Coulomb}$.

Toda a variação necessita de uma referência. Normalmente escolhemos arbitrariamente o nível cujo potencial é nulo, sendo normalmente escolhido o infinito. Isso quer dizer $V(\infty) = 0$.

Exemplo

Determine o potencial elétrico dentro e fora de uma casca esférica de raio **R**, a qual está carregada com uma carga uniforme em sua superfície. Utilize o ponto de referência no infinito.

Figura 3.2
Representação esquemática de uma casca esférica carregada com uma carga **Q** para o cálculo do potencial elétrico

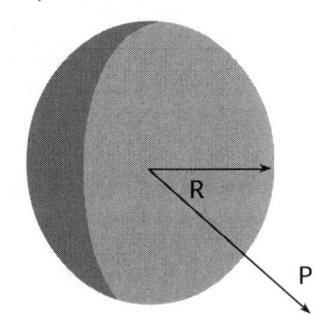

Fonte: Adaptado de Tipler; Mosca, 2013, p. 87.

Resolução

Para começar, devemos imaginar o que ocorre com o campo elétrico para várias regiões do espaço. Por simetria, sabemos que:

$\vec{E} = 0$ para $r < R$

Veja que o campo elétrico gerado por um infinitésimo de carga na superfície é anulado pelo elemento simétrico.

Para r > R utilizamos a Lei de Gauss com uma superfície esférica, mas, para determinarmos a carga elétrica da esfera, escrevemos em termos da densidade de carga superficial σ. Assim:

$$Q = 4\pi R^2 \sigma \tag{3.7}$$

Assim, pela Lei de Gauss:

$$\int \vec{E} \cdot \hat{n}\, dS = \frac{Q}{\epsilon_0} \Rightarrow |\vec{E}| \int dS = \frac{4\pi R^2 \sigma}{\epsilon_0} \Rightarrow |\vec{E}| = \frac{4\pi \sigma}{4\pi\, \epsilon_0} \frac{R^2}{r^2} \tag{3.8}$$

Como sabemos, a direção do campo elétrico é radial. Logo:

$$\vec{E} = \frac{\sigma}{\epsilon_0}\left(\frac{R}{r}\right)^2 \hat{r} \tag{3.9}$$

Agora, para calcularmos o potencial elétrico, devemos integrar o campo elétrico. Primeiro, faremos a integração na região r > R. Observando a expressão do potencial, sabemos que o campo elétrico cairá sempre com o quadrado da distância. No infinito, o valor do campo elétrico será nulo. Assim, temos:

$$V(r = P) - V(r = \infty) = \int \vec{E} \cdot \vec{dl} = -\int \frac{\sigma}{\epsilon_0}\left(\frac{R}{r}\right)^2 dr = \frac{\sigma}{\epsilon_0}\frac{R^2}{r} \tag{3.10}$$

Observando a expressão do potencial, sabemos que este cairá sempre com o inverso da distância. Assim, no infinito, o valor será do campo elétrico nulo:

$$V(r) = \frac{\sigma}{\epsilon_0}\frac{R^2}{r} \tag{3.11}$$

Apesar de o campo elétrico ser nulo no interior da casca esférica, o potencial elétrico não é. Para encontrarmos o potencial dentro da esfera (r < R), a técnica menos trabalhosa é dividir a integral em duas secções e repensar os significados de cada integral. Primeiro, continuaremos enfocando na carga **Q** antes de tratá-la em termos da densidade de carga elétrica (sempre lembrando que **r < R**)

$$V(r) = -\int_\infty^r \vec{E} \cdot \vec{dl} = -\frac{1}{4\pi\,\epsilon_0}\int_\infty^R \frac{Q}{s^2}\,ds - \int_R^r 0\,ds = \frac{1}{4\pi\,\epsilon_0}\frac{Q}{s}\Big|_\infty^R + 0 = \frac{1}{4\pi\,\epsilon_0}\frac{Q}{R} = \frac{\sigma R}{\epsilon_0} \tag{3.12}$$

Utilizamos a variável **s** para integração com o fim de visualizarmos melhor a resolução da integral. Dentro da esfera, o valor do potencial é o mesmo da superfície e permanece constante. Ou seja:

$$V_{esfera} = \frac{\sigma R}{\epsilon_0} \tag{3.13}$$

Potencial elétrico, capacitores e dielétricos

Pode parecer um contrassenso que a ferramenta que criamos para facilitar o cálculo do campo elétrico se baseie no campo elétrico para ser produzida. Antes que o leitor se frustre com essa aparente contradição, apresentamos outras situações em que o cálculo do potencial simplifica o cálculo do campo elétrico.

3.2.1 Potencial do dipolo elétrico

De maneira geral, podemos pensar no potencial elétrico como uma relação entre o campo elétrico e um deslocamento orientado no espaço:

$$V(b) - V(a) = -\int_a^b \vec{E} \cdot \vec{dl} \quad (3.14)$$

Vamos assumir $V(a) = 0$, isto é, que a origem encontra-se no infinito. Ainda definimos o campo elétrico gerado por uma carga muito pequena em uma direção radial. Então:

$$V(r) = -\int \frac{1}{4\pi \epsilon_0} \frac{Q}{r'^2} \hat{r} \cdot \vec{dr'} \quad (3.15)$$

Logo:

$$V(r) = \frac{1}{4\pi \epsilon_0} \frac{Q}{r} \quad (3.16)$$

Se tomarmos a diferença de potencial elétrico em um dado ponto, causada por duas cargas de mesmo valor e localizadas em dois pontos (**A** e **B**) distintos em um sistema de coordenadas, temos:

$$V(B) - V(A) = \frac{Q}{4\pi \epsilon_0} \left(\frac{1}{r_B} - \frac{1}{r_A} \right) \quad (3.17)$$

Voltando ao dipolo elétrico, vamos calcular o potencial gerado por ele em um ponto **P**. Ao verificar a Figura 3.3, você poderá notar que é o mesmo caso geral que discutimos anteriormente.

Assim:

$$V(p) = \frac{q}{4\pi \epsilon_0} \left(\frac{1}{r_1} - \frac{1}{r_2} \right) = \frac{q}{4\pi \epsilon_0} \left(\frac{r_2 - r_1}{r_1 r_2} \right) \quad (3.18)$$

Se o ponto **P** for muito distante do dipolo, temos $r_1 r_2 \approx r^2$ e $r_2 - r_1 \approx d \cos(\theta)$. Assim:

$$V(p) = \frac{1}{4\pi \epsilon_0} \frac{p \cos(\theta)}{r^2} \quad (3.19)$$

A expressão da equação 3.19 é uma função que relaciona somente grandezas escalares e seu resultado é um escalar. Na matemática, existe uma operação relativamente simples que transforma uma função escalar em um vetor, ou seja, podemos sair da expressão 3.19 e chegar a uma versão mais geral do campo elétrico. Essa operação é o gradiente. Se for aplicado o gradiente 3.19, obtemos a expressão mais geral do campo elétrico[ii]:

$$\vec{E} = -\frac{\vec{p}}{4\pi \epsilon_0 r^3} + \frac{3 \cdot (\vec{p} \cdot \hat{r})}{4\pi \epsilon_0 r^3} \hat{r} \quad (3.20)$$

A expressão 3.20 nos fornece informações valiosas. A primeira delas é que agora não estamos tratando de casos particulares do campo elétrico, como no capítulo anterior, pois temos a expressão para **todo o espaço**. Essa é uma grande vantagem para o uso do potencial.

---
ii O leitor pode continuar um tanto cético pelo fato de não apresentarmos aqui a ferramenta matemática utilizada, mas, se quiser maiores detalhes, recomendamos a leitura de outros livros de cálculo, como o de Stewart (2006).

Figura 3.3
Representação de um dipolo elétrico

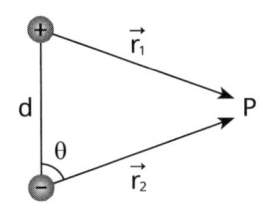

Outra vantagem é que inclusive conseguimos uma relação com um vetor que pode ser bem útil, o **vetor dipolo elétrico**, que definimos anteriormente.

Podemos inclusive pensar no trabalho gerado aplicado ao dipolo pela ação de um campo elétrico. Por qual razão faremos isso? Definimos a função potencial elétrico com base na definição de trabalho mecânico. Seria interessante fazermos isso novamente para entendermos vetorialmente o trabalho realizado pelo dipolo.

Como a equação 2.18 nos afirma que o torque atua sobre um dipolo na presença de um campo elétrico, pela definição de trabalho em sistemas submetidos a rotações, chegamos à seguinte expressão para um infinitésimo de trabalho dw:

$$dw = \vec{\tau} \cdot \vec{\Delta\theta} = (\vec{p} \times \vec{E}) \cdot \vec{\Delta\theta} = |\vec{p}||\vec{E}|\,\text{sen}(\theta)\Delta\theta \qquad (3.21)$$

Na equação 3.21, algumas observações são interessantes. O deslocamento vetorial não é um vetor para rotações finitas, mas pode ser entendido assim para rotações infinitas[iii]. O trabalho acaba se tornando um produto escalar em um pequeno deslocamento. Se somarmos todos esses infinitésimos, podemos integrar a equação (3.21) e teremos:

$$W = \int dw = \int |\vec{p}||\vec{E}|\,\text{sen}(\theta)\,d\theta = |\vec{p}||\vec{E}|\cos(\theta) = \vec{p} \cdot \vec{E} \qquad (3.22)$$

A expressão 3.22 é muito interessante para nós nesse momento, primeiramente porque com ela podemos entender que o trabalho é um produto escalar, enquanto o torque é um produto vetorial entre as grandezas **momento de dipolo elétrico** e **campo elétrico**. Outra informação importante é que o trabalho está associado à variação da energia potencial elétrica, que, como podemos observar na expressão 3.22, é um produto escalar.

A energia potencial elétrica é construída teoricamente com base em conceitos mecânicos.

Para entender o conceito de energia no contexto da eletrostática, além do conceito mecânico, primeiro devemos ficar atentos aos elementos que fazem parte dos circuitos elétricos e dos materiais elétricos.

---
iii   Para maiores discussões, consulte o livro do professor Nussenzveig (2003).

Potencial elétrico, capacitores e dielétricos

3.3 Dielétricos e capacitores

Primeiro, vamos às definições.

De maneira geral, um **dielétrico** pode ser entendido como um isolante, um material que faz oposição à passagem de cargas elétricas. Os elementos da natureza normalmente utilizados como dielétricos são aqueles que não apresentam elétrons livres em sua estrutura molecular.

Como já citamos, qualquer elemento pode ser eletrizado, e isso depende da intensidade do campo elétrico ao qual foi submetido.

Assim, podemos pensar que um dielétrico é um isolante que pode ser polarizado por um campo elétrico aplicado.

O termo *polarizado* se refere à orientação da distribuição de cargas elétricas dentro do elemento sem permitir que este deixe de ser neutro. A Figura 3.4 ilustra essa ideia.

Figura 3.4
Representação de um capacitor com dielétrico dentro das placas

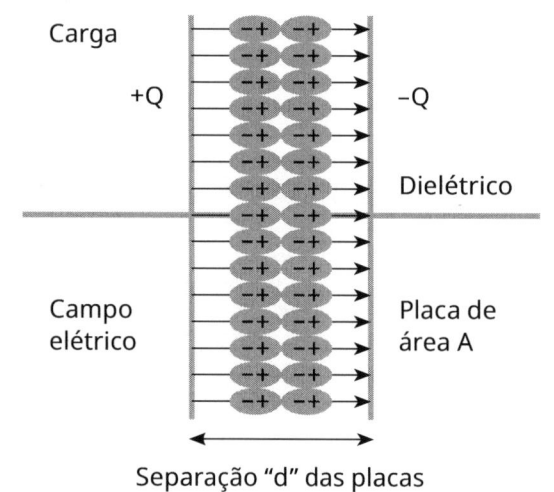

Carga +Q — −Q
Dielétrico
Campo elétrico
Placa de área A
Separação "d" das placas

Fonte: Adaptado de Lee et al, 2012.

O elemento elétrico com a configuração mostrada na Figura 3.4 é denominado *capacitor de placas paralelas com meio dielétrico*. Existem diversos capacitores com diferentes geometrias, mas iniciamos o nosso estudo com os mais simples.

A função prática do capacitor é a de armazenar carga elétrica em seu interior.

Usando a Lei de Gauss:

$$\int \vec{E} \cdot d\vec{S} = \frac{q}{\epsilon_0} \qquad (3.23)$$

Em que ϵ_0 é a permissividade elétrica do vácuo.

Podemos pensar agora em outro tipo de permissividade elétrica: a permissividade do meio dielétrico:

$$\epsilon = k\epsilon_0 \qquad (3.24)$$

A letra grega κ (capa) é a constante dielétrica (adimensional).

Fazendo a superfície gaussiana entre a placa e o meio dielétrico da Figura 3.4, obtemos a seguinte expressão para o campo elétrico:

$$|\vec{E}| = \frac{q}{k\,\epsilon_0\,A} \qquad (3.25)$$

A constante **A** é a área lateral do capacitor (haja vista que vemos lateralmente o capacitor). A expressão 3.25 nos fornece condições de associar grandezas geométricas e elétricas. Essa equação é conhecida também como *Lei de Gauss para o dielétrico*.

Quadro 3.1
Constante dielétrica de alguns materiais

Material	k
Ar	1
Água	80
Náilon	3,5
Vidro	5 a 10

Figura 3.5
Representação de uma superfície gaussiana em um capacitor

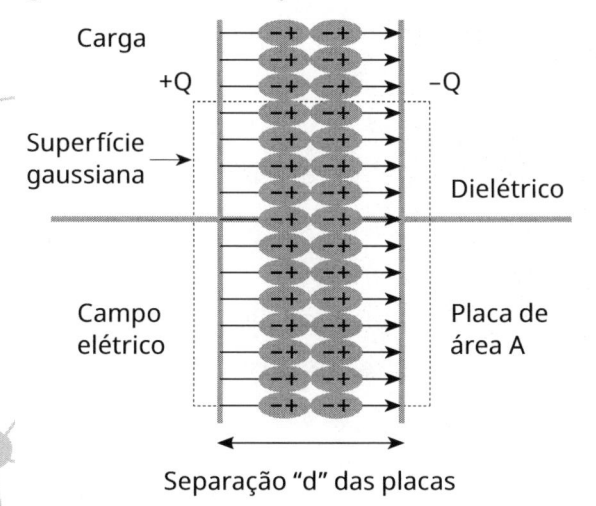

Fonte: Adaptado de Lee et al, 2012.

A constante dielétrica do isolante k é uma propriedade dos materiais. Os mais isolantes podem ter um valor maior do que outros; no entanto, a completa compreensão da permissividade elétrica de um material depende de fatores tão intrínsecos à estrutura de sua matéria que, em muitos casos, para sua explicação, utilizamos a mecânica quântica. A título de ilustração, a seguir temos alguns poucos valores de k.

Agora que conhecemos as características com as quais podemos agrupar os dielétricos e os capacitores teoricamente, podemos discutir algumas propriedades interessantes para a construção de dispositivos que utilizam esses materiais. Começaremos pela capacitância elétrica.

3.3.1 Capacitância elétrica

Podemos definir a capacitância como a grandeza que mede a capacidade de armazenamento de energia na forma de carga elétrica.

A expressão é dada por:

$$C = \frac{Q}{V} \tag{3.26}$$

V é a tensão ou diferença de potencial aplicada no capacitor e **Q** é a carga elétrica armazenada no capacitor.

A unidade no sistema internacional é o Farad, **F**, ou seja, $1F = \frac{1\,Coulomb}{1\,Volt} = \frac{1\,C}{1\,V}$.

Para o caso de capacitor de placas paralelas, temos:

$$V = Ed \tag{3.27}$$

Potencial elétrico, capacitores e dielétricos

Na expressão, **d** é a distância entre as placas do capacitor. Logo, a capacitância pode ser dada por:

$$C = \frac{k \epsilon_0 A}{d} \qquad (3.28)$$

Podemos perceber que a capacitância depende apenas de características geométricas e propriedades físicas do dielétrico do capacitor. Temos, agora, condições de pensar no trabalho mecânico realizado pela força gerada pelas configurações eletrostáticas.

Assim, para deslocar uma carga de um ponto **A** para um ponto **B**, o trabalho realizado por uma força mecânica é assim calculado:

$$W_{AB} = \vec{F} \cdot \vec{\Delta X} \qquad (3.29)$$

$\vec{F}$ é uma força e $\vec{\Delta X}$ é um deslocamento linear de um corpo. No caso, pensemos em uma carga puntiforme.

Escrevendo em termos da força elétrica e com algumas associações diretas do produto escalar entre o potencial elétrico e o "deslocamento" dentro do capacitor, onde atua a força elétrica, temos:

$$W_{AB} = \vec{F} \cdot \vec{\Delta X} = q\vec{E} \cdot \vec{\Delta X} = qV_{AB} \qquad (3.30)$$

Ou seja, é o produto entre a carga e o potencial elétrico que existe entre os pontos A e B. No entanto, em um capacitor, a carga é alterada pela ação do potencial elétrico. Sendo assim, podemos escrever que, para um infinitésimo de trabalho dentro do capacitor, será dw = Vdq.

Fazendo uma integração e com a definição de capacitância elétrica, temos:

$$W = \int V\, dq = \int \frac{q}{C}\, dq = \left[\frac{1}{C} \frac{q^2}{2} \right]_i^f$$

Como a variação da energia potencial está relacionada ao trabalho, resulta o seguinte valor de energia no fim de um processo:

$$W = \frac{1}{2} \frac{q^2}{C} \qquad (3.31)$$

Agora, manipularemos um pouco essa equação, pois sabemos que há uma energia armazenada nesse sistema para que o trabalho descrito seja realizado. Faremos isso visando descrever o trabalho em um volume definido do capacitor.

Com o processo de descarregamento, a energia dada pelo capacitor é:

$$W = \frac{-1}{2} \frac{q^2}{C} = -\frac{CV^2}{2} \qquad (3.32)$$

Escrevendo a diferença de potencial em termos do campo elétrico, temos:

$$W = \frac{-CE^2 d^2}{2} \qquad (3.33)$$

Ao lançarmos mão da expressão da capacitância:

$$W = -\frac{k\epsilon_0 A d^2 E^2}{2d} = -\frac{k\epsilon_0 A d E^2}{2} \qquad (3.34)$$

A expressão **Ad** é o volume do capacitor. Assim, podemos usar a definição mecânica de energia, que pode ser entendida como a quantidade disponível para realização de trabalho, ou seja:

$$\Delta U = -W$$

Podemos finalmente pensar em uma densidade volumétrica de energia, , dentro do capacitor, dada por $u = \frac{\Delta U}{Ad}$. Assim, teremos:

$$u = \frac{k \, \epsilon_0 E^2}{2} \quad (3.35)$$

Percebemos com isso que essa densidade depende apenas do campo elétrico e de propriedades do dielétrico.

3.4 Atividade experimental

No capítulo anterior, construímos a garrafa de Leyden. Neste capítulo, vamos utilizá-la para verificar algumas propriedades da matéria.

Materiais

- garrafa de Leyden;
- multímetro digital[iv].

Procedimentos

1. Com a garrafa de Leyden cheia de água, aproxime-a de um monitor qualquer (computador ou TV).
2. Tome as "pontas" do multímetro e toque no parafuso da garrafa e na lateral com alumínio. Qual será a leitura do multímetro (fique atento porque a leitura é bem rápida)?
3. Retire a água da garrafa e repita os dois procedimentos.
4. Ao realizar os passos acima, procure utilizar sempre o mesmo monitor. Se deseja observar o que ocorre com monitores maiores, repita todo o procedimento.
5. Agora, procure responder às seguintes perguntas: Por que você pode levar pequenas cargas quando toca nos terminais da garrafa de Leyden? Qual seria a razão da diferença das leituras das garrafas com água e com ar?

3.5 Vetores deslocamento elétrico e polarização elétrica

Na atual teoria da matéria, todos os elementos são constituídos por átomos. Por definição, os átomos que constituem um elemento são estruturas cuja carga elétrica é nula. Existem partículas com carga elétrica positiva (prótons) e com carga elétrica negativa (elétrons) dentro dos átomos, mas cada um deles individualmente apresenta a mesma quantidade de prótons e elétrons.

> O que acontece com um átomo neutro na presença de um campo elétrico?

---
iv O multímetro é um instrumento capaz de medir várias grandezas elétricas. Não conhecemos o significado teórico de algumas delas, mas, no multímetro, identificamos a unidade de tensão elétrica **volts**. Podemos notar duas "pontas" no multímetro, exatamente para medir as grandezas elétricas entre dois pontos.

Potencial elétrico, capacitores e dielétricos

Entender esse tipo de pergunta é interessante, pois já vimos que matérias diferentes resultam em efeitos diferentes quando associadas a grandezas elétricas. Assim, os vetores que descrevem as grandezas elétricas terão um novo significado no interior da matéria. Por isso, pensaremos em um dipolo para ilustrar o comportamento do átomo. Como discutimos anteriormente, o **momento de dipolo elétrico** é proporcional ao campo elétrico e mediado por uma carga elétrica (equação 2.17). Mas, como um átomo apresenta mais do que apenas um par de cargas e como existem átomos com diferentes "geometrias"[v], devemos redefinir o que chamamos de *momento de dipolo elétrico* de um átomo.

$$\vec{p} = \alpha \vec{E} \qquad (3.36)$$

A constante α é chamada de *polarizabilidade atômica*. A equação 3.36 se assemelha à Lei de Hooke para molas, e toda a teoria relacionada a esses fenômenos pode nos ser útil agora.

Até o momento, abordamos apenas o campo elétrico no vácuo (principalmente pensando que a constante k é igual a 1 para o ar). Mas, desde a época de Faraday, notava-se uma queda na diferença de potencial de um capacitor se fosse inserido um isolante entre suas placas.

$$V \rightarrow \frac{V_0}{k}$$

---

[v] Apesar de ser bem comum utilizarmos expressões como *raio atômico*, devemos tomar cuidado, pois, na atual teoria da matéria, muitas grandezas macroscópicas não são definidas no mundo atômico. O próprio conceito de trajetória não é definido no mundo microscópico – veja Menezes (2005).

Não definimos ainda campo elétrico dentro do isolante, o que implica que não podemos explicar como o campo elétrico se comporta dentro da matéria, mas já percebemos uma descontinuidade desse campo no capacitor, uma vez que o potencial elétrico é alterado.

Vamos pensar em um material que preenche um volume 1 e está imerso em uma região do espaço preenchida por um material 2.

A Figura 3.6 procura representar essa situação: o infinitésimo **dS** representa uma superfície gaussiana que abrange os meios 1 e 2 para que possamos pensar no comportamento do campo elétrico.

Figura 3.6
Representação do campo elétrico atuando em um material neutro

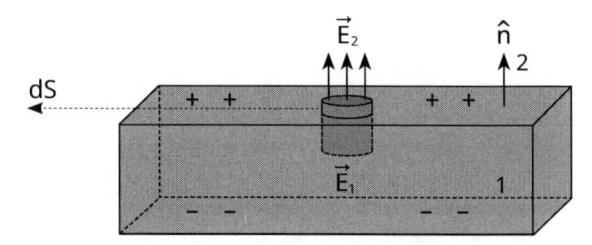

O material 1 pode ser entendido como um isolante por essa razão: a quantidade de cargas elétricas positivas e negativas é igual dentro do cilindro. O meio 2 refere-se ao vácuo, no qual não há cargas elétricas livres ou átomos neutros. O campo elétrico passa através do cubo na direção vertical. Quando o campo elétrico estiver dentro do cubo, nós o denominaremos E_1, mas quando estiver no vácuo, nós o denominaremos E_2, cujo módulo é E_0. A superfície superior do cubo é orientada de acordo com o versor diretor $\hat{n}$. Verificando o produto vetorial do campo elétrico nessa região e assumindo o mesmo comportamento do potencial elétrico para o campo, temos:

$$\hat{n} (\vec{E}_2 - \vec{E}_1) = E_0 - E = E_0 \left(1 - \frac{1}{k}\right) \quad (3.37)$$

Usando a Lei de Gauss e, novamente, pensando em uma densidade superficial de carga σ_p, temos que:

$$\hat{n} (\vec{E}_2 - \vec{E}_1)\, dS = \frac{dq_p}{\epsilon_0} = \frac{\sigma_p ds}{\epsilon_0} \quad (3.38)$$

Agora, a densidade de carga superficial pode ser escrita como:

$$\sigma_p = \epsilon_0 (\kappa - 1) E \quad (3.39)$$

E é o módulo do campo no interior do meio.

O efeito parece com a indução eletrostática, que só existe se houver cargas livres em um condutor, mas no dielétrico há um isolante.

Assim, temos uma polarização (criação de momentos de dipolo). A aplicação do campo produz um deslocamento das cargas positivas na direção do campo, e das negativas no sentido contrário, criando o dipolo.

A Figura 3.7 a seguir mostra como em um corpo neutro há um elemento de carga positiva, **dq**, na direção do campo elétrico.

Figura 3.7
Efeito da distribuição de cargas dentro de um corpo neutro com a atuação de um campo elétrico

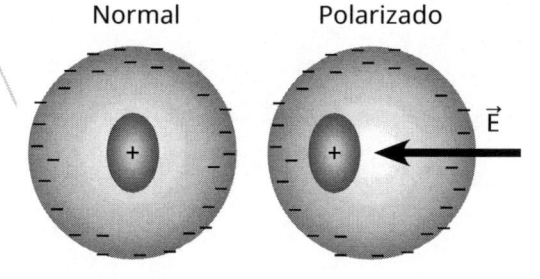

Fonte: Adaptado de Dieletric..., 2016.

Esse elemento de carga varia com a orientação do versor. Assim:

$$dq = \vec{P} \cdot d\vec{S} = \vec{P} \cdot \hat{n} dS \quad (3.40)$$

Na expressão 3.40, o vetor $\vec{P}$ é o campo de polarização.

Dessa forma, o campo de polarização é o campo vetorial formado em um material dielétrico que determina a direção coletiva dos dipolos elétricos formados no material.

Ao ilustrar como surgem os vetores polarização dentro de um material, precisamos levar em conta que isso se trata apenas de uma alegoria, que, por definição, é limitada.

Após alguma análise vetorial e atenção redobrada para a produção de momentos de dipolos atômicos, chegamos a uma expressão semelhante à Lei de Hooke ($\vec{F} = kx\hat{x}$). Essa expressão é uma generalização para um material composto por inúmeros átomos do dipolo descrito para o caso atômico no início desta seção (equação 3.36).

$$\vec{P} = \chi \epsilon_0 \vec{E} \quad (3.41)$$

Potencial elétrico, capacitores e dielétricos

Figura 3.8
Representação atômica de um material dielétrico

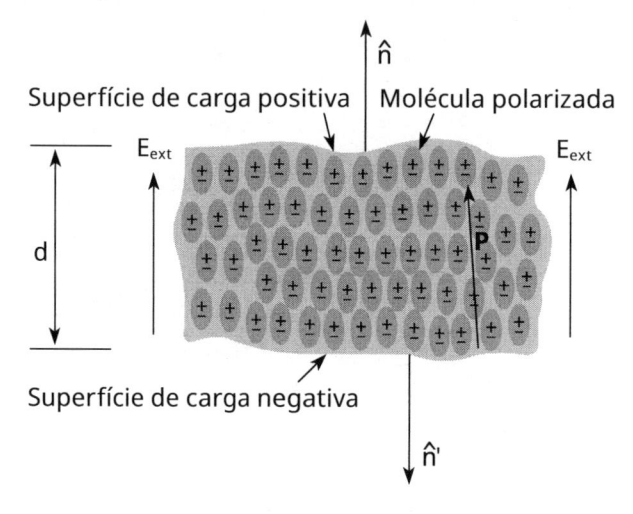

Fonte: Elaborado com base em Lee et al., 2012.

Na expressão, a constante X é a suscetibilidade elétrica do meio, que pode ser entendida de forma muito simples como a resistência do meio à geração de dipolos, semelhante à constante de uma mola ser uma resistência do material a uma deformação. Ambos os campos apresentam a unidade N/C ou C/m^2.

No momento, não podemos nos ater muito especificamente à formação do dipolo atômico, pois precisamos de mecânica quântica. Assim, vamos assumir o que vimos anteriormente como nossa descrição teórica.

Agora, se a polarização varia de ponto a ponto dentro do dielétrico, surgem elementos de carga de polarização além da superfície, ou seja, dentro do volume.

As cargas migram de dentro do volume para a superfície e podemos, pensando na equação da continuidade, escrever a seguinte equação:

$$\int_{\Delta S} \vec{P} \cdot \hat{n} \, dS = \int_{\Delta V} \vec{\nabla} \cdot P \, dV \quad (3.42)$$

Na expressão 3.25 utilizamos a Lei de Gauss para transformar uma integral na superfície no volume.

Pela conservação da carga elétrica total do corpo (que deve ser nula em todo o momento), temos a expressão para a variação da carga:

$$\Delta q = -\int_{\Delta V} \vec{\nabla} \cdot \vec{P} \, dV \quad (3.43)$$

Se tomarmos a densidade de carga volumétrica de polarização, chegamos a:

$$\vec{\nabla} \cdot \vec{P} = \rho_p \quad (3.44)$$

Se, além do dielétrico, existirem cargas livres em algum lugar do espaço em que o campo elétrico atua, a densidade total de carga que gera o campo elétrico será $\rho + \rho_p$. Assim, temos a seguinte expressão para a Lei de Gauss generalizada:

$$\vec{\nabla} \cdot \vec{E} = \frac{(\rho + \rho_p)}{\epsilon_0} \quad (3.45)$$

Mas, manipulando um pouco:

$$\vec{\nabla} \cdot \vec{E} = \frac{\rho}{\epsilon_0} - \frac{\vec{\nabla} \cdot \vec{P}}{\epsilon_0} \quad (3.46)$$

Sabendo da descrição da polarização (expressão 3.41) e reescrevendo os divergentes:

$$\vec{\nabla} \cdot [(1 + X) \vec{E}] = \frac{\rho}{\epsilon_0} \quad (3.47)$$

Por analogia, o que encontramos dentro dos colchetes é um campo vetorial que leva em conta a contribuição do meio dielétrico e que é influenciado pela ação da densidade de cargas livres. Esta seria a interpretação do campo elétrico dentro do dielétrico, conhecido também como *campo de deslocamento elétrico* (**D**), que é dado por:

$$\vec{D} = (1 + \chi) \cdot \vec{E} \tag{3.48}$$

Para deixarmos as analogias semelhantes (existem outras razões que justificam esse procedimento), podemos associar essa mudança do campo elétrico ao atravessar o dielétrico com constante do dielétrico **k**. Assim, chegamos a:

$$\kappa = 1 + \chi \tag{3.49}$$

Para ilustrar espacialmente, temos a representação na Figura 3.9, que mostra o comportamento do campo elétrico em um material.

Figura 3.9
Representação da passagem do campo elétrico em um material

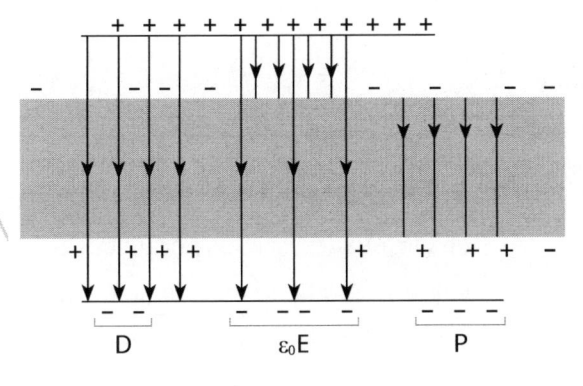

Na figura, um campo elétrico é gerado por um capacitor de placas paralelas, que apresenta densidade de carga positiva na placa superior e negativa na inferior. Dessa forma, o campo elétrico está orientado de cima para baixo. Dentro do dielétrico existe o campo de polarização $\vec{P}$, ilustrado na extremidade direita da figura. Fora do dielétrico, o campo deslocamento elétrico atua sobre a outra placa do capacitor, como é mostrado na extremidade esquerda. Esse campo atua tanto dentro do dielétrico quanto na região do espaço sem o campo.

$$\vec{D} = \epsilon_0 \vec{E} + \vec{P} \tag{3.50}$$

Por fim, a relação 3.50 associa os três vetores.

Síntese

O potencial elétrico é uma ferramenta muito útil para facilitar o cálculo do campo elétrico em situações mais próximas da realidade. Uma relação matemática simples estabelece a associação entre o campo elétrico e o potencial elétrico.

Os dipolos elétricos podem ser totalmente descritos com base na formulação do potencial elétrico e auxiliam na compreensão do comportamento deste na matéria. Nesta, dois são os campos que melhor descrevem o comportamento eletrostático: o de polarização elétrica e o de deslocamento elétrico.

Potencial elétrico, capacitores e dielétricos

Atividades de autoavaliação

1. O potencial elétrico pode ser expresso como:
   a) um número que expressa o valor do campo elétrico.
   b) uma função do espaço com a qual podemos determinar intensidade, direção e sentido do campo elétrico.
   c) um escalar com o qual podemos determinar intensidade, direção e sentido do campo elétrico.
   d) um número com o qual podemos determinar intensidade, direção e sentido do campo elétrico.

2. O vetor de polarização elétrica pode ser entendido como:
   a) um vetor que expressa o valor do campo elétrico dentro da matéria.
   b) uma função do espaço com a qual podemos determinar intensidade, direção e sentido do campo elétrico dentro da matéria.
   c) um vetor com o qual podemos determinar intensidade, direção e sentido dos dipolos elétricos dentro da matéria.
   d) uma função do espaço com a qual podemos determinar intensidade, direção e sentido dos dipolos elétricos dentro da matéria.

3. Ao pensarmos no campo elétrico dentro da matéria, devemos levar em conta que:
   a) não há diferença entre materiais condutores e isolantes; somente se criam nomes diferentes para o campo elétrico.
   b) há diferença entre materiais condutores e isolantes. A diferença entre a forma de atuação do campo elétrico gera a necessidade de se criarem dois novos campos, de polarização e de deslocamento elétrico.
   c) há diferença entre materiais condutores e isolantes. A diferença entre a forma de atuação do campo elétrico gera a necessidade de se criar um novo campo, o de deslocamento elétrico.
   d) não há diferença entre materiais condutores e isolantes. Para não ocorrer confusões de definição, há a necessidade de se criarem dois novos campos, de polarização e de deslocamento elétrico.

4. Assinale a alternativa que melhor define a densidade de carga elétrica e a densidade de carga de polarização:
   a) São a mesma grandeza com nomes distintos para classificar melhor os materiais.
   b) A primeira está associada à quantidade de carregadores livres por unidade de volume, enquanto a segunda está voltada à quantidade de átomos por unidade de volume, polarizados ou não.

c) A primeira está associada à quantidade de carregadores livres por unidade de volume, enquanto a segunda está voltada à quantidade de átomos polarizados por unidade de volume.

d) A primeira está associada à quantidade de elétrons livres por unidade de volume, enquanto a segunda está voltada à quantidade de átomos por unidade de volume, polarizados ou não.

5. A relação entre o campo de deslocamento elétrico e o campo de polarização pode ser sintetizada como:

a) uma relação linear, válida para todos os materiais.

b) uma relação quadrática, válida para uma categoria de materiais, dependendo da corrente e da tensão elétricas aplicadas.

c) uma relação quadrática, válida para todos os materiais.

d) uma relação linear, válida para uma categoria de materiais, dependendo da corrente e da tensão elétricas aplicadas.

Atividades de aprendizagem

Atividades para reflexão

1. Quais devem ser as diferenças de um campo elétrico dentro e fora da água? Será que essas diferenças teriam alguma influência tecnológica?

2. Como o corpo humano é formado em sua maior parte por água, como podemos pensar a ação do campo elétrico em organismos biológicos?

Atividades aplicadas: prática

1. Procure da internet imagens do campo elétrico dentro da matéria. Uma sugestão é o *site* da Universidade do Colorado, que contém diversos aplicativos para explicar o campo elétrico na matéria. Sintetize essas ideias e apresente para um grupo de amigos, procurando destacar os seguintes pontos:

- Como podemos, sem cargas livres, ter campo elétrico?
- Qual é a diferença entre campo de polarização e campo de deslocamento elétrico?

Exercícios[vi]

1. Um capacitor de 50 µF é ligado em uma tensão de 110V. Qual será a carga que ele adquirirá?

2. Um capacitor de placas paralelas tem placas circulares com um raio de 4,10 cm, separadas por uma distância de 1,00 mm. Com base nessas informações, responda:

a) Qual a capacitância elétrica?

b) Qual é a carga das placas se uma diferença de potencial de 120V é aplicada ao capacitor?

---

vi Use $\epsilon_0 = 8,85 \cdot 10^{-12}$ F/m e não se esqueça de que pm é picômetro.

Potencial elétrico, capacitores e dielétricos

3. Um capacitor de 1 μF é ligado em uma fonte de tensão e carregado com 5 μC. Com base nesses dados, calcule:
   a) Qual é o trabalho realizado sobre o capacitor para armazenar essa carga?
   b) Qual é a energia potencial elétrica armazenada pelo capacitor?
   c) A qual potencial elétrico o capacitor foi submetido?

4. (ITA/2008) A figura a seguir mostra um capacitor de placas paralelas com vácuo entre as placas, cuja capacitância é C_0. Num determinado instante, uma placa dielétrica de espessura d/4 e constante dielétrica **k** é colocada entre as placas do capacitor, conforme a figura 2. Tal modificação altera a capacitância do capacitor para um valor C_1. Determine a razão C_0/C_1.

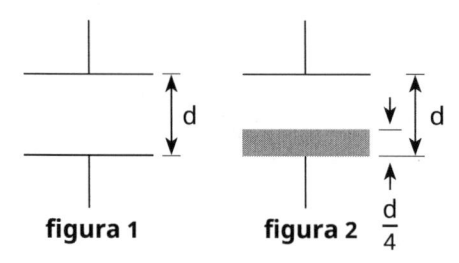

figura 1   **figura 2** $\frac{d}{4}$

5. Uma pequena esfera de material isolante de massa 1,0 g está em equilíbrio entre as armaduras de um capacitor de placas paralelas de 1 cm de separação entre as placas. A esfera está sujeita às ações exclusivas do campo elétrico e do campo gravitacional local. A tensão aplicada nas placas do capacitor é de 320 V. Considerando g = 10 m/s², qual carga surge na esfera para que esta flutue dentro do capacitor?

6. Encontre a capacitância de duas cascas metálicas esféricas e concêntricas com raios **a** e **b**, sendo **a** < **b**. Faça suas considerações sobre as cargas.

7. Encontre a capacitância por unidade de comprimento de dois cabos coaxiais metálicos de raios **a** e **b**.

8. Um modelo primitivo do átomo consistia de um núcleo pontual com carga (+q), rodeado por uma nuvem esférica carregada de raio **a** e carga (−q). Com base nesse modelo, calcule a polarizabilidade de cada átomo.

9. Um fio reto e longo, com densidade de carga linear λ, é cercado por uma borracha isolante de raio α. Encontre o campo deslocamento elétrico nessa situação.

10. Uma esfera de metal de raio α está carregada com uma carga de valor Q. Ao seu redor, até um raio b, há uma esfera de material dielétrico de permissividade ϵ. Encontre o potencial no centro (em relação ao infinito) e a polarização das cargas nas bordas.

4.
Corrente elétrica e resistência elétrica

Corrente elétrica e resistência elétrica

Até o momento, vimos como as cargas elétricas se comportam em uma configuração estática, com as forças geradas e as distribuições finais. No entanto, não discutimos o processo para se passar de uma configuração para outra. Descrevemos o capacitor e sua propriedade de capacitância, mas não descrevemos como um capacitor armazena a carga elétrica e qual o processo para esse fim.

> O estudo de como a configuração das cargas elétricas se alteram no decorrer do tempo é denominado *eletrodinâmica*.

Assim como na cinemática, descrevemos o movimento dos corpos sem necessariamente nos preocupar com o que causou o movimento. Em eletrodinâmica, começamos a descrever as grandezas que indicam as mudanças de configuração elétrica para depois nos atermos à grandeza física que causa esse deslocamento.

4.1 Corrente elétrica

A primeira grandeza que estudaremos é a **corrente elétrica**, definida como a razão entre a quantidade de carga elétrica que atravessa uma seção no espaço e uma unidade de tempo.

Abordaremos a princípio os condutores, cujo sentido, por razões históricas, convencionou-se definir com cargas elétricas saindo do ponto positivo de uma "fonte elétrica" para o negativo; ou seja, esse sinal indica o movimento das cargas positivas. Posteriormente, foi identificado que quem gera a corrente elétrica são os elétrons, que têm carga negativa; sendo assim, o sinal estaria equivocado. Por essa razão, hoje temos o sentido convencional e o sentido real da corrente elétrica.

Outra questão fundamental no desenvolvimento teórico da eletricidade foi a descoberta do elétron, no ano de 1897, por Joseph John Thomson (1856-1940). Posteriormente, Robert Andrews Millikan (1868-1953), em 1909, determinou a carga do elétron. Em função de todos esses acontecimentos e de um grande embate teórico sobre a natureza do elétron – se este seria uma partícula elementar no sentido de que não poderia ser dividido em partículas menores com cargas diferentes –, hoje o consideramos como partícula fundamental e a menor unidade de carga elétrica do Universo. O valor de sua carga elétrica de $1{,}6 \cdot 10^{-19}$ **C** é entendida como a **quantidade fundamental** da eletricidade. Não entraremos em detalhes sobre o significado profundo da quantização da carga do elétron, pois este é um tema da física moderna, que vai além da proposta deste livro.

Dessa forma, toda a carga elétrica encontrada em algum corpo seria oriunda da soma das cargas de elétrons. Assim, a equação 1.1 fica com uma forma um tanto diferente: a carga **Q** de um corpo é dada pelo produto do número de elétrons pela carga do elétron. Ou seja:

$$Q = ne \tag{4.1}$$

Alguns autores chamam essa natureza elementar do elétron de *quantização da carga do elétron*. O termo *quantização* está associado à expressão *quanta de energia*, que seria a unidade fundamental de energia que permitiu a formulação da mecânica presente dentro do universo atômico. Nesse mesmo sentido, o elétron é um *quanta* de carga.

Por definição, a intensidade da corrente elétrica, **i**, é dada pela razão entre a quantidade de carga que atravessa uma área no espaço e a unidade de tempo, ou seja:

$$i = \frac{dq}{dt} \tag{4.2}$$

Esta, na verdade, é a única unidade básica do Sistema Internacional (SI) em eletricidade. Isso quer dizer: $1A = \frac{1\,C}{1\,s}$, sendo **A** a unidade Ampére.

Exemplo

Num fio percorrido por uma corrente de 1 A, quantos elétrons passam por unidade de área durante 1 segundo?

Resolução

Para resolvermos esse problema, devemos pensar na carga elétrica fundamental e entender que cada elétron contribui com seu valor específico e fundamental.

1 elétron → $1{,}6 \cdot 10^{-19}$ C

n elétrons → 1,0 C

Portanto:

$$n = \frac{1 \cdot 1{,}0\,C}{1{,}6 \cdot 10^{-19}\,C} \approx 6{,}25 \cdot 10^{18} \text{ elétrons}$$

É interessante levantarmos dois pontos aqui, a saber:

1. Não existem frações de elétrons; no entanto, como esse número é extremamente grande, devemos citá-lo de forma aproximada.
2. Neste problema, não vamos nos preocupar se esses elétrons podem estar mais concentrados em uma região da área do fio de que tratamos.

Após a solução, é interessante pensar em uma grandeza que forneça a informação da distribuição espacial de cargas elétricas dentro de um condutor. Essa grandeza é a chamada *densidade de corrente elétrica*, **J**, que é uma razão entre a corrente e a área do condutor. Ou seja:

$$J = \frac{i}{A} \tag{4.3}$$

Corrente elétrica e resistência elétrica

Como sabemos, a razão entre duas grandezas escalares resulta em uma terceira grandeza escalar. Isso significa que a terceira grandeza não apresenta sentido ou direção.

Assim, diferentemente do que vimos em cinemática – em que temos uma razão entre um vetor (deslocamento vetorial) e um escalar (intervalo de tempo), que resulta na velocidade vetorial que apresenta módulo, sentido e direção –, a corrente elétrica é um escalar. Sendo assim, podemos fazer a seguinte pergunta: A razão entre a quantidade de corrente elétrica e uma área resulta sempre em uma grandeza escalar?

Como vimos anteriormente, uma área pode ser orientada por um versor diretor, assim podemos atribuir um sentido e uma direção à grandeza expressa pela equação 4.3.

A pergunta agora é: qual vantagem temos em descrever a grandeza **J** como vetor e não como um escalar? A resposta é que, dessa forma, a grandeza pode nos informar se há um fluxo entrando ou saindo da superfície e quanto desse fluxo é perdido se tivermos uma inclinação da seção reta dessa superfície.

O esquema ilustrativo da Figura 4.1 procura mostrar como uma área orientada pode alterar o fluxo de passagem de elementos. Essa figura é análoga à Figura 2.6, que ilustrou o fluxo elétrico na Lei de Gauss.

Figura 4.1
Esquema ilustrativo da superfície orientada dentro de um fio condutor

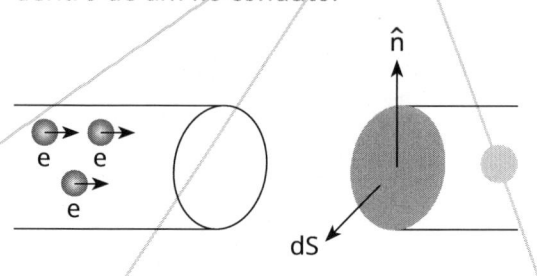

Aperfeiçoamos nossa definição dada pela equação 4.3 por meio da notação:

$$|\vec{j}| = \frac{i}{A} \quad (4.4)$$

Podemos observar que um infinitésimo de corrente elétrica (di) flui através de um infinitésimo de superfície dS, obedecendo a uma relação com a densidade de corrente $\vec{J}$, que é dada por:

$$di = \vec{J} \cdot \hat{n} dS \quad (4.5)$$

Na forma diferencial:

$$|\vec{j}| = \frac{di}{dS} \quad (4.6)$$

A unidade do vetor densidade de corrente elétrica é dada por:

$$|\vec{j}| = \frac{A}{m^2} \quad (4.7)$$

Agora, necessitamos voltar a estudar as cargas que atravessam uma dada área que é percorrida por uma corrente. Para entendermos mais claramente, voltaremos aos chamados *portadores de carga*, que são entes físicos que apresentam carga elétrica. Os portadores de carga são de vários tipos: elétrons (metal), íons (tubo de descarga gasosa) e eletrólitos. Podemos nos atentar a uma questão muito interessante: o movimento coletivo desses portadores de carga.

Imagine que os portadores são do mesmo tipo e se deslocam à mesma velocidade $\vec{v}$. O volume **dv**, que é percorrido por certo número de portadores de carga durante um tempo **dt**, deve ser um produto entre a área (**dS**) útil do condutor e o espaço percorrido pelos portadores de carga. Ou seja:

$$dv = \vec{v}dt \cdot \hat{n}dS \qquad (4.8)$$

A carga total, Q_T, que passou por esse volume pode ser expressa em termos da densidade volumétrica de carga elétrica ρ_e. Assim, temos que:

$$Q_T = \rho_e \, dv \qquad (4.9)$$

Retornando à definição de corrente elétrica total em termos do infinitésimo, temos:

$$di = \frac{Q_T}{dt} = \frac{\rho_e dv}{dt} = \frac{\rho_e \vec{v} dt \cdot \hat{n}dS}{dt} = \rho_e \vec{v} \cdot \hat{n}dS \qquad (4.10)$$

Usando a equação 4.6 e fazendo uma associação vetorial, chegamos a uma relação entre a velocidade dos portadores de carga e a densidade de corrente elétrica.

$$\vec{J} = \rho_e \vec{v} \qquad (4.11)$$

Esse é um resultado interessante que associa uma grandeza microscópica com outra macroscópica. Finalmente, podemos definir a densidade de carga elétrica com a densidade de carga de portadores de carga, que designaremos como n_p. Como os portadores de carga podem ter diferentes sinais de carga (negativo ou positivo), a densidade de carga elétrica é escrita da seguinte forma:

$$\rho_e = n_p q \qquad (4.12)$$

E, finalmente:

$$\vec{J} = n_p q \vec{v} \qquad (4.13)$$

Em alguns ambientes em que a carga elétrica pode ser oriunda de diferentes portadores de carga, a densidade de corrente elétrica pode ser escrita assim:

$$\vec{J} = \sum_{i=1}^{N} n_{p,i} \, q_i \, \vec{v_i} \qquad (4.14)$$

Uma aplicação tecnológica para esse conceito de portadores de cargas em um dado ambiente é a técnica anticorrosiva chamada de ***proteção catódica***. Para evitar a corrosão de tubulações metálicas enterradas no solo, é utilizada a proteção catódica, que nada mais é que o recobrimento do duto com elétrons originários de uma fonte elétrica (normalmente, uma fonte de corrente). Isso é necessário, pois muitos elétrons são perdidos pelo processo químico da oxidação. Dessa forma, elétrons perdidos pelos metais com os quais são fabricados os dutos são repostos pelos elétrons da corrente externa. No solo, existem diversos elementos

Corrente elétrica e resistência elétrica

condutores e não condutores que funcionam como portadores de carga. Os elétrons oriundos da corrente elétrica acabam transferindo elementos do ânodo, diminuindo a perda de matéria causada pelos portadores de carga do solo. O ânodo também é conhecido como *eletrodo de sacrifício*, em função dessa característica. Na Figura 4.2, você pode observar um esquema desse tipo de técnica.

Figura 4.2
Esquema ilustrativo de um sistema de proteção catódica

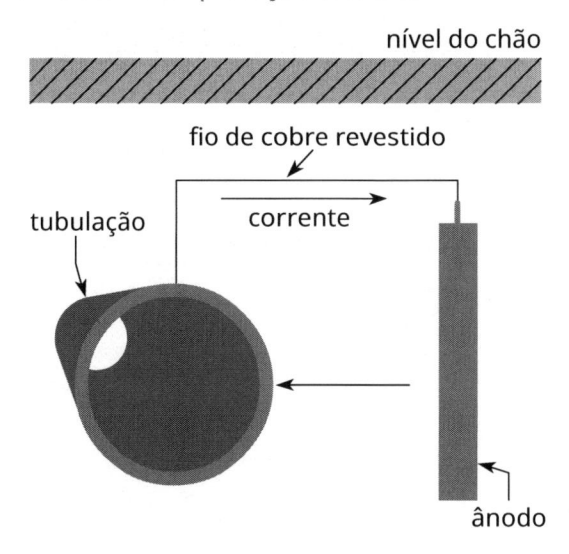

Fonte: Adaptado de Corsini, 2011.

Exemplo

Um fio de 5 mm de diâmetro é submetido a uma corrente de 500 mA. Qual é a densidade de corrente à qual ele está submetido?

Resolução

Neste problema, devemos ficar atentos ao fato de que, para termos uma resposta dentro do sistema internacional de unidades, devemos usar as conversões apropriadas. Por definição, o módulo da densidade de corrente $|\vec{j}|$ é dado por: $|\vec{j}| = \dfrac{i}{A}$

Em que **A** é a área da seção reta do fio que é dado, $A = \pi r^2$, e **r** é o raio do fio. Substituindo os valores, temos:

$$|\vec{j}| = \frac{500 \cdot 10^{-3} \text{ A}}{\pi \, (2{,}5 \cdot 10^{-3} \text{ m})^2} = 2{,}55 \cdot 10^4 \text{ A/m}^2$$

Nesse caso, não precisamos nos preocupar com a natureza vetorial da densidade de corrente elétrica. A ordem de grandeza da densidade de corrente é um valor em dezena de milhares, o que é justificável pelo fato de o fio ser muito delgado.

Exemplo

Um fio de cobre de 3 mm de diâmetro está conectado a um cabo de alumínio de 10 mm de diâmetro. Uma corrente de 100 mA é aplicada nos fios.

a. Qual é a densidade de corrente no fio de cobre?
b. Qual é a densidade de corrente no cabo de alumínio?
c. Considerando essa estrutura submersa em um fluido isolante, qual seria a perda de material dos cabos por segundo se considerarmos que os portadores de carga transferem íons do cabo e do fio para o meio?

Obs.: massa molecular do cobre: –63,5 g/mol; massa molecular do alumínio: 27 g/mol.

Resolução

Lembrando um pouco de química, ambos os elementos citados têm um elétron livre na última camada. Vamos pensar na forma inversa do que ocorre na proteção catódica, em que, para compensar o fluxo de elétrons, os íons são deslocados, ou seja, os átomos com um elétron a mais.

Sendo assim, no intervalo de tempo de um segundo, a quantidade de elétrons transportada em uma seção reta do fio é dada por:

$$i = \frac{dq}{dt} \Rightarrow dq = 1s \cdot 100 \cdot 10^{-3} \frac{C}{s} = 0,1 \, C$$

Para termos essa carga de 0,1 C, são necessários **n** elétrons, em que **n** é dado pela razão da carga e a carga elementar do elétron:

$$n = \frac{dq}{e} = \frac{0,1 \, C}{1,6 \cdot 10^{-19} \, C} = 6,25 \cdot 10^{18} \text{ elétrons}$$

Se cada íon compensar o deslocamento desses elétrons, haverá a mesma quantidade de íons perdidos (ou seja, de átomos) e devemos observar qual é a massa perdida para cada tipo de átomo. Denominaremos de M_{cu} a massa do cobre e M_{Al} a massa do alumínio. Primeiramente, precisamos saber a massa dos átomos:

$$M_{cu} = \frac{63,5 \text{ g/mol}}{6,02 \cdot 10^{23} \text{ átomos/mol}} = 1,05 \cdot 10^{-22} \text{ g/átomo}$$

$$M_{Al} = \frac{27 \text{ g/mol}}{6,02 \cdot 10^{23} \text{ átomos/mol}} = 4,5 \cdot 10^{-23} \text{ g/átomo}$$

Corrente elétrica e resistência elétrica

Nesses cálculos, utilizamos o número de avogrado para obter a massa de cada átomo. A massa transferida é dada pelo produto da massa de cada átomo pelo número de átomos (íons) deslocados. Assim, temos:

$$M_{cu} = nm_{cu} = 6{,}25 \cdot 10^{18} \text{ átomos} \cdot 1{,}05 \cdot \frac{10^{-22} \text{ g}}{\text{átomos}} = 6{,}6 \cdot 10^{-5} \text{ g}$$

$$M_{Al} = nm_{Al} = 6{,}25 \cdot 10^{18} \text{ átomos} \cdot 4{,}5 \cdot \frac{10^{-23} \text{ g}}{\text{átomos}} = 2{,}8 \cdot 10^{-5} \text{ g}$$

São valores muito pequenos para que percebamos uma variação. Como podemos observar, apesar de escrevermos *íons* na expressão, utilizamos átomos no cálculo. Daí surge a importância do meio corrosivo. Em meio aquoso, o portador de carga é um íon e, em um metal, o portador é um elétron. Esse conceito nos ajuda a entender a causa de uma maior corrosão em meios úmidos.

Podemos nos perguntar após esse exemplo: Materiais que apresentam diferentes quantidades de elétrons livres causariam uma corrente entre eles? A resposta é sim, mas com uma nomenclatura um tanto diferente. Para ilustrar esse resultado, vamos construir uma **pilha elétrica**, a fim de que possamos entender um elemento gerador de corrente elétrica.

4.2 Pilha de alimentos e a corrente elétrica

No exemplo anterior, verificamos o que ocorre quando uma corrente retira elétrons de um corpo. Mas, se para compensar esses elétrons, fornecermos íons ao corpo por meio de outra corrente elétrica? O mesmo processo ocorre no caso inverso? Se elementos diferentes forem postos em contato, eles permitiriam o fluxo de corrente elétrica?

Esse tema é muito recorrente no ensino fundamental no ensino de Química e Física, razão por que daremos aqui somente um exemplo para reforçarmos o caráter experimental da física.

Materiais

- 1 limão
- 1 placa de cobre
- 1 placa de zinco
- 1 multímetro
- Fios de conexão com garras do tipo jacaré

Obs.: É possível usar também o *display* de uma calculadora.

Procedimento

As placas de cobre e zinco devem ser introduzidas no limão. Após fazer isso, é necessário colocar o multímetro na posição **tensão elétrica** (diferença de potencial) e verificar qual é a leitura.

Podemos alterar o experimento utilizando o *display* de calculadora, ao verificar qual é a corrente que deve ser necessária para que esse dispositivo funcione. Em seguida, liga-se os terminais do *display* da calculadora nas placas.

É importante lembrar que no título desta seção há a expressão *pilha de alimentos*.

Por qual razão? Se pesquisarmos na internet, vamos encontrar pilhas feitas com limão, com batatas, entre outros.

Figura 4.3
Foto de uma pilha de limão

Algumas perguntas em aberto para gerar a reflexão são interessantes:

- Qual é a diferença entre a intensidade da corrente se o meio é alcalino ou ácido?
- Qual seria a influência dos materiais? Se utilizarmos cobre e alumínio, haverá o mesmo efeito?
- As placas são corroídas nesse experimento?

4.3 Princípio da conservação da carga elétrica

Em física, enunciamos vários princípios de conservação baseados em duas ideias fundamentais na própria concepção da Física como ciência. Os conceitos são os seguintes:

1. As leis da natureza devem ser as mais simples possíveis.
2. Devemos procurar sistemas físicos que relacionem grandezas em que alguma delas se conserve quando a configuração do sistema é alterada, pois assim conseguiremos obter as demais grandezas.

O primeira é princípio filosófico, muitas vezes quase religioso, sem muitas garantias físicas, mas com muitas esperanças humanas. Teoricamente, todo ser humano é capaz de se apropriar de um conhecimento produzido, como diria o educador e filósofo John Dewey (1859-1952). No entanto, o trabalho necessário para essa apropriação pode ser tão longo quanto a vida de um indivíduo humano médio, dependendo da educação a que foi submetido e de outros parâmetros. De forma geral, as leis físicas podem ser extremamente complexas com vários meandros, contudo ainda são construções humanas.

O segundo conceito mostra bem essa limitação humana: se houver muitas variáveis em um problema, a solução fica impossível ou muito difícil em um determinado tempo. Sendo assim, procurar grandezas que se conservam é sempre interessante.

Historicamente, no decorrer da revolução científica, ocorrida entre os séculos XV e XVII, foram percebidas algumas leis de conservação, algumas intuitivas e outras nem tanto. Vamos apresentar algumas, não necessariamente na ordem em que foram formuladas. A redação aqui apresentada também não será exatamente a mesma utilizada pelos pesquisadores que as

Corrente elétrica e resistência elétrica

estudaram em seu tempo, mas talvez sejam enunciados apropriados para nossos dias.

> O princípio da conservação da massa: "Na ausência de fontes e de sorvedouros, a massa dentro de um sistema físico isolado se conserva".

Esse enunciado é fácil de ser verificado se pensarmos em uma cuba de pia com água. Se nem a torneira nem o ralo estiverem abertos, a água dentro da cuba não se alterará em um tempo curto (isto é, porque estamos desprezando a evaporação). Agora vamos para outra lei de conservação, que não é tão simples, mas, quando estudamos mecânica clássica, é mais fácil de verificarmos.

> O princípio da conservação do momento linear: "Na ausência de forças externas, o momento total de um sistema físico isolado se conserva".

Esse enunciado é verificado em um sistema com pouco atrito. O momento linear (que é o produto da massa pela velocidade) se conserva em um sistema de mais corpos. Isso quer dizer que podemos encontrar a velocidade final de dois discos que se deslocam em uma superfície sem atrito sabendo a velocidade inicial deles e as suas massas. Observe que saberemos uma grandeza dentre três outras grandezas, desde que tenhamos duas delas. Pode não parecer algo extraordinário, mas esse é um resultado interessantíssimo, pois, dessa forma, conseguiremos resolver vários problemas na natureza.

Uma forma de verificar o princípio da conservação do momento linear é observar colisões de objetos que se deslocam sem atrito. A tarefa mais difícil é se obterem sistemas com pouco atrito. Um exemplo simples são os objetos que se deslocam em colchões de ar, que pode ser representado pelo conjunto bexiga e CD, uma forma de baixo custo para se alcançar essa abstração.

Figura 4.4
Representação do experimento

Vicente Pereira de Barros

Existem dois outros princípios que podemos anunciar aqui no momento: o da conservação do momento angular e o da energia mecânica; no entanto, não atenderiam mais nosso propósito de deixar claro um padrão de tratamento de problemas físicos. Nosso objetivo agora é mostrar que existe uma lei de conservação muito útil para fenômenos elétricos. Vamos fazer uma analogia clássica entre corrente elétrica e fluxo de água. A despeito de suas limitações, essa relação nos faz entender muito bem o que vem a ser a corrente elétrica.

Quando desejamos tirar a água de um vasilhame para outro sem a necessidade de bombeamento, precisamos colocar os frascos em posições onde haja uma diferença de altura e estabelecermos um **contato hidrodinâmico**, que pode ser a sucção do fluído. Após isso, a massa do líquido fluirá naturalmente do ponto mais alto para o mais baixo. Note que não surgiu líquido nesse meio tempo, apenas a massa de líquido procura uma região de menor energia potencial mecânica para estar em repouso.

Esse é um mecanismo semelhante em eletricidade. Quando olhamos um fio condutor ligado em uma tomada na qual passa corrente elétrica, podemos nos perguntar: "De onde são originados os elétrons que geram essa corrente elétrica? Eles são retirados de algum corpo neutro?"

A resposta para essa pergunta é que existem elétrons livres dentro do condutor e que estes, assim como o líquido da hidrostática, estão "procurando" uma região espacial com menor energia. Por essa razão, trataremos mais sobre potencial elétrico.

Voltamos ao fato de que temos elétrons em movimento, os quais apresentam carga elétrica. Imagine um volume qualquer que denominaremos **v**. A quantidade instantânea de carga elétrica, dQ_T, que sai de por unidade de tempo por meio de uma superfície **S** que encerra o volume **v**, em um dado instante, é dada por:

$$dQ_T = dt \int \vec{J} \cdot \hat{n} \, dS \qquad (4.15)$$

Esse resultado ocorre porque definimos a densidade de corrente elétrica, a quantidade de elétrons que flui por uma determinada área em um intervalo de tempo.

Como podemos imaginar, essa quantidade de carga elétrica causa uma redução na carga total que está encerrada em **v** e podemos dizer que essa variação de carga é dada por:

$$\frac{dQ_T}{dt} = - \int \vec{J} \cdot \hat{n} \, dS \qquad (4.16)$$

Como a densidade volumétrica de carga ρ descreve qualquer quantidade de carga encerrada em um volume, temos que:

$$dQ_T = \int \rho \, dv \qquad (4.17)$$

Então:

$$\frac{dQ_T}{dt} = \frac{d}{dt} \int \rho \, dv = \int \frac{\partial \rho}{\partial t} \, dv \qquad (4.18)$$

O último passo da equação 4.18 ocorre pelo fato de que a densidade volumétrica de carga pode variar no espaço e no tempo. Sendo assim, a derivada deixa de ser total e torna-se parcial.

Com o uso do famoso teorema da divergência, podemos passar uma integral sobre uma área superficial para uma integral de volume:

$$\int_S \vec{F} \hat{n} \, dS = \int_v \vec{\nabla} \vec{F} \, dv \qquad (4.19)$$

A expressão 4.19 exprime, de maneira geral, o teorema do divergente, cujo produto escalar de um campo vetorial sobre uma superfície integrada a sua totalidade equivale à divergência de um campo dentro do volume que a superfície encerra. Associando as equações

Corrente elétrica e resistência elétrica

4.16 e 4.18 e utilizando o teorema da 4.19, chegamos à expressão:

$$\int_s \vec{J}\hat{n}\, dS = \int_v \vec{\nabla}\vec{J}\, dv = -\int \frac{\partial \rho}{\partial t}\, dv \qquad (4.20)$$

Como os volumes descritos na equação 4.20 são os mesmos, podemos pensar que os integrandos são idênticos e chegamos à famosa expressão:

$$\vec{\nabla}\vec{J} = \frac{-\partial \rho}{\partial t} \qquad (4.21)$$

A equação 4.21 é conhecida como *equação de continuidade*.

> Nesse ponto, podemos enunciar o princípio da conservação da carga elétrica, que pode ser sintetizado como: "Na ausência de correntes elétricas, de aniquilamento ou produção de partículas, a carga elétrica de um corpo tende a permanecer constante".

Nesse momento, omitiremos a questão do aniquilamento e da produção de partículas. Esse tema ficará mais claro quando estudarmos a física moderna, mas, para nossos propósitos, a produção de partículas está relacionada ao fato de que, em alguns fenômenos com partículas elementares, há o surgimento de novas partículas com cargas que podem ser alteradas. Em nosso mundo macroscópico, podemos nos ater apenas às correntes elétricas.

Antes de avançarmos, faremos uma pequena análise para chegarmos a uma expressão muito comum utilizada quando analisamos fluidos.

Imagine que não há variação da densidade de um fluido que percorre uma tubulação, portanto:

$$\frac{\partial \rho}{\partial t} = 0$$

Assim, o divergente da densidade de corrente dentro da tubulação será nulo, ou seja, a variação espacial do fluxo no tempo é nula. Isso não quer dizer que o número de partículas que passam por uma área não varia, mas sim que as variações de partículas que passam pela área são iguais e direcionalmente opostas. Com isso, podemos dizer que a variação do volume, V_d, que passa pelo duto é nula:

$$\frac{dV_d}{dt} = 0 \Rightarrow V_d = \text{constante} \qquad (4.22)$$

O volume é uma constante, mas esse volume de fluido depende da velocidade média de deslocamento das partículas, bem como da área da tubulação. Assim:

$$V_d = \vec{v}\, dt \qquad (4.23)$$

Esse volume não varia em um período temporal definido, mas a forma da tubulação pode ser alterada. Podemos ter, por exemplo, a variação da área da tubulação de um valor A_1 para A_2. Assim, temos:

$$v_1\, dt\, A_1 = v_2\, dt\, A_2 \qquad (4.24)$$

O intervalo **dt** é o mesmo em ambos os volumes. Finalmente, temos a mais conhecida expressão da equação da continuidade:

$$v_1\, A_1 = v_2\, a_2 \qquad (4.25)$$

Vale salientar que a expressão 4.25 só é válida dentro da condição de que o fluxo deve ser constante, ou seja, o divergente dever ser nulo. Essa expressão é tecnologicamente muito útil por várias aplicações, como a construção de manômetros (medida da pressão e da velocidade de fluidos), como ilustra a Figura 4.5.

Figura 4.5
Esquema ilustrativo da equação da continuidade dentro de uma tubulação

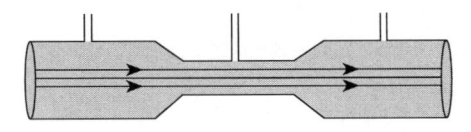

Notamos que a velocidade aumenta no ponto onde há diminuição da área. Podemos ver a razão matemática pela equação (4.25).

Voltando a questões relacionadas à eletricidade, usamos a analogia do líquido em uma tubulação quando tratamos de corrente em condutores em que há elétrons livres, ou seja, portadores de carga. Mas como fazemos nos casos em que isso ocorre dentro de um dielétrico, em que não há portadores de carga, mas polarização de partículas neutras pela ação do campo elétrico? Podemos imaginar que existe uma densidade de corrente de polarização dentro do dielétrico? Para essa última questão, temos uma resposta positiva. A despeito de não termos portadores de carga livres no dielétrico, temos várias partículas que podem ser polarizadas e que "transmitem" essa polarização para outras. Se o dielétrico é anisotrópico, podemos imaginar uma densidade de corrente de polarização, que pode ser dada matematicamente por:

$$\vec{J_p} = \frac{\partial \vec{P}}{\partial t} \qquad (4.26)$$

Voltando a tratar da densidade de corrente dentro de um condutor, podemos pensar em algo como uma distribuição de correntes "estacionária". Essa é uma expressão difícil de entender, mas se refere apenas ao fato de que a intensidade de corrente elétrica não varia com o tempo $\frac{\partial i}{\partial t} = 0$. Podemos fazer novamente uma analogia com a hidrodinâmica, em que temos um escoamento estacionário de um fluido. E novamente temos:

$$\int \vec{J} \cdot \hat{n} \, dS = 0 \qquad (4.27)$$

Assim, a densidade de corrente em uma área deve ser nula. Pensando assim, toda a corrente que entra em um ponto deve sair. Isso nos mostra uma justificativa teórica para a lei empírica de Kirchhoff dos nós, em que a somatória das correntes em um ponto deve ser nula. Nesse momento, vale a pena voltarmos a abordar outra lei que trabalhamos quando discutimos circuitos elétricos. Para isso, vamos pensar no significado eletrodinâmico da Lei de Ohm.

Exemplo

Experimentalmente, percebemos que, após ser aplicada uma corrente de 5 A em um cabo de meia polegada de diâmetro enterrado, a corrente decai linearmente 10 mA a cada metro. Sabendo que a corrente elétrica

Corrente elétrica e resistência elétrica

é praticamente constante no decorrer da seção reta do cabo, qual é a variação da densidade de carga elétrica desse cabo?

Resolução

No problema, percebemos que não há variação de corrente na seção reta do cabo. Assim, há uma densidade de corrente que varia apenas em uma dimensão, que podemos escrever como:

$$|\vec{J}| = J(x) = \frac{I_0}{A}[1 - bx]$$

Para a expressão acima, quando estamos no ponto x = 0, em que é aplicada a corrente, o valor da densidade de corrente é máximo e decairá conforme **x** for aumentando de acordo com uma constante. É fácil percebermos que os valores das grandezas apresentadas são dados por:

$$I_0 = 5A; \; A = \pi r^2 = \pi(1{,}25 \times 10^{-2} \, m)^2; \; b = \frac{10^{-2}}{5}/m$$

A constante **b** é ponderada pela corrente inicial para descrever a taxa de decaimento da corrente com a distância. Para calcularmos o divergente da densidade de corrente, necessitamos escrevê-lo em termos de vetores:

$$\vec{J} = J(x)\,\hat{i}$$

Usando a expressão 4.21, temos:

$$\vec{\nabla} \cdot \vec{J} = -\frac{\partial \rho}{\partial t} \Rightarrow \frac{\partial J(x)}{\partial x} = -\frac{\partial \rho}{\partial t} \Rightarrow \frac{\partial \rho}{\partial t} = \frac{I_0 b}{A}$$

O lado esquerdo dessa expressão não depende de x ou do tempo, ou seja, uma integral simples resolveria o problema e teríamos:

$$\rho(t) = \frac{I_0 b}{A} t + C = 20{,}4 \, \mathbf{C} \cdot \mathbf{s}^{-1} \cdot \mathbf{m}^{-3} \cdot t + C$$

Na expressão, **C** é uma constante que indica o valor da densidade de carga inicial e as letras destacadas indicam as unidades das constantes do problema.

Após a resolução desse problema acadêmico, podemos nos perguntar: O que causa a perda de corrente no decorrer do fio? Será que existe alguma propriedade nele que faz com que a quantidade de carga livre varie? Veremos esse tema quando discutirmos a resistividade elétrica do material.

4.4 Resistência e resistividade elétrica

No problema anterior nos perguntamos sobre o que causa uma variação na corrente elétrica aplicada a um corpo. Empiricamente, percebemos que, se aplicarmos a mesma tensão elétrica (que podemos chamar de *diferença de potencial*) em dois corpos com a mesma geometria, mas com materiais diferentes, teremos uma corrente diferente. Existe uma lei que relaciona uma diferença de potencial aplicada a um corpo, ΔV, com a corrente elétrica que percorre esse corpo, i, dada por:

$$\Delta V = Ri \qquad (4.28)$$

Na equação 4.26, **R** é uma constante de proporcionalidade que depende da geometria do condutor e da substância com a qual o condutor é constituído. A constante **R** é a resistência do condutor. A equação 4.28 é conhecida como *Lei de Ohm* e é válida apenas para alguns tipos de condutores para valores específicos de tensão elétrica. A unidade de resistência elétrica é o Ohm, cujo símbolo é Ω.

Para entendermos isso no dia a dia, basta verificarmos que a maioria dos fios em nossas casas é feita de cobre. No entanto, em redes de alta tensão usadas para transmissão de energia elétrica, os cabos são feitos de alumínio. Essa diferença ocorre porque o alumínio "perde" menor quantidade de corrente elétrica para alta tensão do que o cobre. Discutiremos um pouco mais adiante como isso se realiza.

Essa propriedade que descreve a oposição à passagem da corrente elétrica, característica de uma dada substância quando comparada a uma outra, é chamada de *resistividade elétrica da substância*. Adotaremos o símbolo ρ_r para indicar a resistividade elétrica.

Exemplo

Um técnico precisa determinar a resistividade elétrica do solo de uma região. Ele tem duas pequenas caixas com dois terminais elétricos de dimensões 10 cm × 10 cm × 25 cm e outra com dimensões 10 cm × 10 cm × 50 cm, alguns cabos com garras do tipo jacaré, acesso à rede elétrica (tensão 110 V) e um multímetro. Como podemos determinar a resistividade do solo? Quais são as limitações?

Resolução

Para resolver esse problema, o técnico pode preencher as caixas com duas amostras do solo do qual se deseja saber a resistividade. Posteriormente, deve usar a rede elétrica para aplicar uma diferença de potencial em um terminal de uma caixa que estará ligado ao multímetro (na opção corrente elétrica), o qual fechará o circuito na rede elétrica, pois assim o conjunto caixa + multímetro será percorrido por

Corrente elétrica e resistência elétrica

uma corrente elétrica característica da resistência oferecida pela caixa (já que a resistência do multímetro deve ser bem pequena comparada à resistência da caixa). Esse procedimento será feito para ambas as caixas. Para ilustrar, veja a Figura 4.6:

Figura 4.6
Representação do exemplo

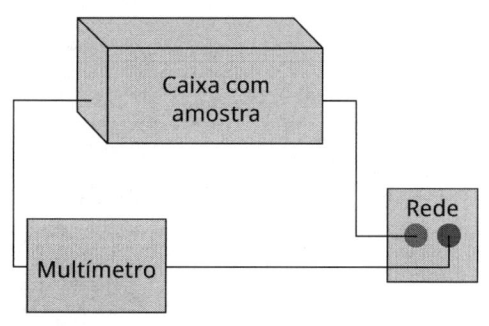

Imaginemos que a leitura no multímetro seja da ordem de 500 mA para a primeira caixa, que tem comprimento de 25 cm; logo, teremos o seguinte valor para a resistência:

$$R_1 = \frac{\Delta V}{i} = \frac{110V}{5 \cdot 10^{-1}A} = 220 \ \Omega$$

Aplicando o mesmo procedimento para a segunda caixa, se obtivermos o valor de 300 mA, isso resultará em:

$$R_2 = \frac{\Delta V}{i} = \frac{110V}{3 \cdot 10^{-1}A} = 366,7 \ \Omega$$

Ou seja, houve um aumento de 146,7 Ω para um aumento de 25 cm. Logo a variação da resistência pela variação do comprimento (Δx), resulta que a resistividade será:

$$\rho_r = (R_2 - R_1) \Delta x = 36,6 \ \Omega m$$

Com relação às limitações dessa técnica, podemos citar:

1. Ela não permite uma medida exata da resistividade do solo sem uma alteração deste (precisamos remover amostras) nem medidas mais precisas em regiões mais profundas de solo.
2. Existe a limitação física, pois a medida da resistividade pode depender muito de como é feita a aplicação da corrente.

Para tentar sanar a limitação 1, existem outras técnicas que usam diferentes formas de aplicar a tensão dentro do próprio solo analisado. Veja ilustração da Figura 4.7.

Figura 4.7
Representação de uma técnica de medida local da resistividade de solo

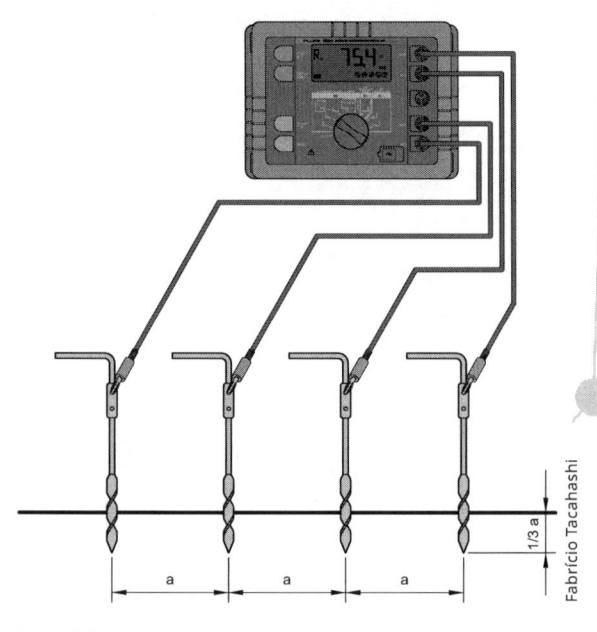

Fonte: Fluke (2016).

A limitação 2 refere-se à construção teórica do conceito de corrente elétrica. Se pensarmos em *corrente* como fluxo de cargas por um meio, devemos ficar atentos para perceber como ela irá se propagar a partir do ponto em que aplicarmos a tensão, pois essa propagação pode ser diferente. A Figura 4.8 ilustra essa variação.

Figura 4.8
Diferença entre se aplicar uma corrente através de cabos ou placas em um meio

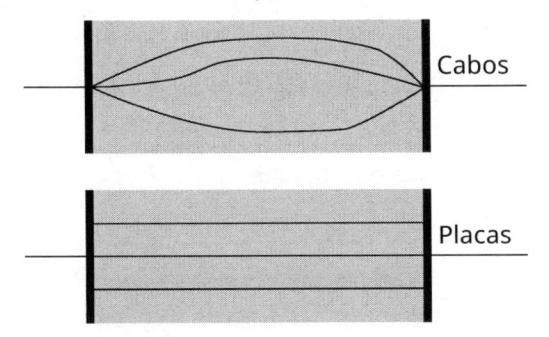

O fluxo de carga em um meio é muitas vezes comparado ao fluxo da água no interior de uma tubulação quando existe uma diferença de pressão entre suas extremidades. O fluxo da água pode ser comparado com o fluxo de carga a menos de suas unidades diferentes m^3/s e C/s. Em uma tubulação, se existem partículas que dificultam o escoamento da água, a vazão da água é determinada pela geometria dos tubos. No meio em que a corrente elétrica flui, tanto a geometria quanto a natureza do meio são importantes, sendo esta última característica análoga à resistividade.

Outra questão que podemos relacionar aqui é a maneira para a obtenção da grandeza resistividade. Por qual razão adotamos um produto e não uma razão? Também podemos nos perguntar sobre o fato de, no exemplo anterior, termos enfatizado tanto a geometria da caixa.

Para tentar entendermos melhor a definição da grandeza, usamos uma construção teórica de resistividade utilizando-nos de uma teoria mais fundamental, que seria a Lei de Ohm. Quando pudermos definir melhor essa teoria, entenderemos também a importância de questões geométricas quando estamos construindo um tipo de dispositivo chamado de *resistor*, que tem como finalidade fundamental a oposição à corrente elétrica.

4.5 Lei de Ohm

Vamos agora associar a densidade de corrente elétrica que é causada por um campo elétrico e a condutividade do elemento em que está sendo submetido o campo elétrico, bem como por onde a corrente elétrica está fluindo.

> Nesse momento, definiremos uma grandeza que determina a mobilidade das cargas elétricas dentro de um condutor: a **condutividade elétrica**. Nesse caso, a denominaremos σ. Tome cuidado para não confundir com a densidade superficial de carga elétrica que utilizamos anteriormente.

A densidade de corrente elétrica deve depender diretamente da "facilidade" com que o campo elétrico orienta os portadores de

Corrente elétrica e resistência elétrica

carga. Assim, sem um tratamento mais formal, podemos dizer com boa aproximação que a relação é dada por:

$$\vec{J} = \sigma \vec{E} \quad (4.29)$$

Podemos usar o que sabemos até o momento para justificar a equação 4.29. Para isso, vamos pensar em termos de partículas, nesse caso, os elétrons. Vamos imaginar que cada elétron está sujeito à ação da força originária do campo elétrico. Com a segunda Lei de Newton e a definição de força elétrica, chegamos a uma expressão para a aceleração de um elétron a_e, dada por:

$$a_e = \frac{eE}{m_e} \quad (4.30)$$

Em que **e** e m_e são, respectivamente, a carga e a massa do elétron e **E**, o módulo do campo elétrico.

A velocidade desenvolvida $\vec{v}_d$ pelo elétron pode ser descrita como:

$$\vec{v}_d = a_e \tau = \frac{eE}{m_e} \tau \quad (4.31)$$

Na equação, τ é o tempo em que o elétron estará nessa trajetória, ou seja, vamos assumir que, dentro do condutor, os elétrons podem colidir uns com os outros, assim como partículas em suspensão em um fluido. Dessa forma, $\vec{v}_d$ será a velocidade máxima desenvolvida pelos elétrons em média, já que, se não houver nenhuma outra influência, apenas o campo elétrico orientará os elétrons. Mas, como vimos, os elétrons são portadores de carga e podemos usar a equação 4.13 para associar a densidade de corrente elétrica. Assim, temos:

$$|\vec{v}_d| = \frac{|\vec{j}|}{n_e} = \frac{eE\tau}{m_e} \quad (4.32)$$

Ao manipular os dois termos do lado esquerdo da equação 4.32, chegamos à expressão para o módulo de $|\vec{J}|$:

$$|\vec{j}| = \frac{ne^2\tau}{m_e}|\vec{E}| \quad (4.33)$$

Veja que essa equação é muito semelhante à 4.29, principalmente porque **n**, τ e m_e são grandezas que dependem apenas do material, e não diretamente do campo elétrico.

Podemos nos questionar por que a expressão 4.29 não se assemelha nem um pouco à expressão da Lei de Ohm, que relaciona a corrente e a resistência elétrica do dispositivo com a diferença de potencial elétrico que atua sobre ele. Mas essa aparente dissonância é resolvida com alguma manipulação e aplicação dentro dos casos necessários.

Imagine um condutor elétrico com formato de um fio com seção transversal **S** e comprimento **dl**, que está sendo submetido a uma densidade de corrente $\vec{J}$, como ilustra a Figura 4.9.

Figura 4.9
Representação geométrica de um condutor

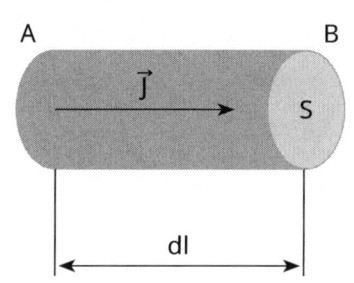

A diferença de potencial que faz com que a corrente flua entre os pontos **A** e **B** está relacionada com o campo elétrico por meio da expressão:

$$V_A - V_B = \Delta V = \int_A^B \vec{E} \cdot d\vec{r} = Edl \quad (4.34)$$

Nesse caso, a diferença entre os pontos **A** e **B** é o comprimento **dl**. Como podemos observar, esse fato só é obtido em virtude de o campo elétrico ser constante nessa região. A corrente elétrica está relacionada com a densidade de corrente pela expressão:

$$i = \int \vec{J} \cdot \hat{n} dS = |\vec{j}|\, S = \sigma |\vec{E}|\, S \quad (4.35)$$

Podemos reescrever o campo elétrico como tendo o módulo dado por:

$$|\vec{E}| = \frac{i}{\sigma S} \quad (4.36)$$

Dessa forma, ao reescrevermos a diferença de potencial elétrico que existe entre os pontos **A** e **B**, teremos:

$$\Delta V = \frac{i}{\sigma S} dl \quad (4.37)$$

A razão $\frac{dl}{\sigma S}$ só depende do material e da geometria do condutor e é a resistência elétrica do condutor **R** que definimos anteriormente. Finalmente, chegamos à famosa expressão da Lei de Ohm de uma forma mais familiar a nós:

$$\Delta V = iR \quad (4.38)$$

É importante enfatizar que a Lei de Ohm expressa pela equação 4.38, no entanto, é válida apenas para os chamados *elementos ôhmicos*. Apenas elementos cuja razão entre a diferença de potencial e a corrente elétrica submetida a eles é linear podem ser denominados *ôhmicos*. A expressão 4.38 é válida em uma faixa bem definida de diferença de potencial elétrica, corrente elétrica e temperatura[i], o que vai depender das características do material.

O leitor atento perceberá que falta uma associação com a resistividade elétrica discutida anteriormente. De uma maneira intuitiva, a condutividade é a mobilidade com que os elétrons se propagam no condutor e a resistividade é a oposição ao deslocamento dos elétrons. Assim, podemos associá-las por meio da expressão:

$$\sigma = \frac{1}{\rho_r} \quad (4.39)$$

Voltando à definição da Lei de Ohm (4.29), chegamos à expressão:

$$|\vec{j}| = \sigma |\vec{E}| \Rightarrow |\vec{j}| = \frac{|\vec{E}|}{\rho_r} \Rightarrow \rho_r = \frac{|\vec{E}|}{|\vec{j}|} \quad (4.40)$$

Com base na expressão 4.40, podemos encontrar a unidade da resistividade elétrica associando à Lei de Ohm a expressão 4.36:

$$|\rho_r| = \frac{|\vec{E}|}{|\vec{j}|} = \frac{V/m}{A/m^2} = \frac{V}{A} m = \Omega m \quad (4.41)$$

Isso justifica a associação feita na seção anterior.

---

[i] A temperatura será um dos fatores fundamentais quando discutirmos o efeito Joule no capítulo que trata sobre circuitos elétricos.

Corrente elétrica e resistência elétrica

Exemplo

Um condutor tem um comprimento **L** e uma área de seção transversal **A**. É aplicada uma tensão elétrica ΔV sobre esse condutor, o qual é feito de um único material com resistividade elétrica ρ_r. Demonstre que a resistência elétrica desse resistor **R** pode ser dada como:

$$R = \rho_r \frac{L}{A}$$

Resolução

Nesse caso, tomamos a ideia de que a tensão elétrica é aplicada no condutor de tal forma que a corrente elétrica percorre a seção transversal, de modo que teremos uma densidade de corrente que, em módulo, é dada por:

$$|\vec{j}| = \frac{i}{A}$$

Dessa forma, a tensão elétrica deve estar aplicada entre as extremidades do condutor, fazendo com que a distância entre os pontos nos quais é aplicada seja o comprimento **L**. Com isso, o módulo do campo elétrico que está orientando os elétrons é dado por:

$$|\vec{E}| = \frac{\Delta V}{L}$$

Utilizando a equação 4.27, temos a seguinte expressão para a resistividade elétrica:

$$\rho_r = \frac{|\vec{E}|}{|\vec{j}|} = \frac{\Delta V / L}{i / A} = \frac{\Delta V}{i} \frac{L}{A}$$

Usando a Lei de Ohm, descrita pela equação 4.28, temos que $\frac{\Delta V}{i} = R$ e, assim, chegamos a:

$$R = \rho_r \frac{L}{A}$$

Como queríamos demonstrar.

É interessante notar que a expressão vem ao encontro de nossa analogia com a vazão de água em uma tubulação. Quanto maior a área do duto, menor a resistência oferecida à vazão da água; quanto maior o comprimento da tubulação, maior será a resistência à vazão da água.

Exemplo

Um fio de alumínio de diâmetro de 3,0 mm é percorrido por uma corrente constante de 1,5 A. Qual é o valor da intensidade do campo elétrico presente nesse condutor? Dado: a resistividade elétrica do alumínio é $2,75 \cdot 10^{-8}\ \Omega \cdot m$.

Resolução

Necessitamos aqui encontrar o valor da intensidade do vetor densidade de corrente elétrica. Usando os dados que temos, chegamos ao valor de:

$$|\vec{j}| = \frac{i}{A} = \frac{i}{\pi r^2} = \frac{1{,}5\ A}{\pi\ (1{,}5 \cdot 10^{-3})^2\ m^2} = 2{,}12 \cdot 10^5\ A/m^2$$

Com a expressão 4.27, encontramos o valor da intensidade do campo elétrico:

$$|\vec{E}| = \rho_r |\vec{j}| = 2{,}75 \cdot 10^{-8}\ \Omega \cdot m \cdot 2{,}12 \cdot 10^5\ \frac{A}{m^2} = 5{,}84 \cdot 10^{-3}\ V/m$$

Síntese

Neste capítulo, vimos que a corrente elétrica é uma grandeza escalar, definida como a razão entre a variação da quantidade de carga elétrica e a variação de tempo para atravessar uma dada região do espaço.

Também apresentamos o vetor densidade de corrente elétrica, que é a quantidade de corrente elétrica por unidade de área que atravessa uma área orientada segundo o vetor diretor da área.

Por fim, analisamos a Lei de Ohm, que relaciona as grandezas *tensão elétrica*, *resistência elétrica* e *corrente elétrica* de um condutor. A mesma lei pode relacionar o campo elétrico, a densidade de corrente elétrica e a resistividade do material com o qual é construído o resistor.

Atividades de autoavaliação

1. A corrente elétrica pode ser definida da seguinte forma:
   a) Um número que expressa a razão entre a quantidade de carga elétrica que flui por uma superfície e um intervalo de tempo.
   b) Um vetor que expressa a razão entre a quantidade de carga elétrica que flui por uma superfície e um intervalo de tempo.
   c) Um número que expressa a razão entre a quantidade de átomos que flui por uma superfície e um intervalo de tempo.
   d) Um número que expressa a razão entre a quantidade de nêutrons que flui por uma superfície e um intervalo de tempo.

2. O vetor densidade de corrente elétrica é orientado de acordo com:
   a) o sentido da corrente elétrica.
   b) o versor diretor da superfície pelo qual a corrente elétrica fui.
   c) a direção da corrente elétrica.
   d) a direção da gravidade.

3. Os princípios de conservação são ferramentas muito importantes dentro da física e sempre estão associados a uma grandeza que se conserva dentro de certas condições. De acordo com esses princípios, quais são os elementos que devem estar ausentes para que tenhamos a massa, o momento linear e a carga elétrica conservados respectivamente?
   a) Força, fontes e sorvedouros, campo elétrico.
   b) Fontes e sorvedouros, força, corrente elétrica.
   c) Corrente elétrica, força, fontes e sorvedouros.
   d) Campo elétrico, fontes e sorvedouros, força.

Corrente elétrica e resistência elétrica

4. A Lei de Ohm pode ser entendida:
   a) como uma lei universal que expressa a relação entre corrente, tensão e resistência elétrica.
   b) como o resultado da lei da conservação da carga elétrica e da energia e relaciona grandezas como campo elétrico, densidade de corrente e condutividade elétrica.
   c) como uma lei universal que relaciona grandezas como campo elétrico, densidade de corrente e condutividade elétrica.
   d) como resultado da lei da conservação da carga elétrica e da energia que expressa a relação de corrente, tensão e resistência elétrica.

5. Em um modelo microscópico de condução, podemos dizer que a velocidade dos portadores de carga e o campo elétrico serão sempre:
   a) diretamente proporcionais entre si e não dependem de efeitos quânticos.
   b) inversamente proporcionais entre si e não dependem de efeitos quânticos.
   c) diretamente proporcionais entre si e dependem de efeitos quânticos.
   d) inversamente proporcionais entre si e dependem de efeitos quânticos.

Atividades de aprendizagem

Questões para reflexão

1. Entendemos que, ao ligar um aparelho elétrico em uma tomada, a corrente elétrica flui pelo aparelho. Explique qual é a fonte dos elétrons.
2. Os cabos de tensão onde os trens se deslocam são carregados. Sabendo que a água é condutora, por qual razão, em um dia de chuva, as pessoas dentro dos vagões não são eletrocutadas?

Atividades aplicadas: prática

1. Monte o experimento da pilha elétrica descrito neste capítulo e faça as seguintes alterações: monte duas pilhas, uma usando um limão e outra uma batata e verifique, utilizando um multímetro, as leituras de corrente e tensão elétrica. Observe as diferenças e procure responder às seguintes questões, discutindo-as com seus colegas.
   - Qual é a diferença nas leituras das pilhas usando limão e batata? Qual seria a causa dessas diferenças.
   - Se você trocar a placa de cobre por uma de alumínio, qual será a diferença?
2. Procure da internet imagens que ilustrem a corrente elétrica. Uma sugestão é a página da Universidade do Colorado, que contém diversos aplicativos para explicar vários

fenômenos em física. Sintetize essas ideias e apresente-as para um grupo de amigos, procurando destacar os seguintes pontos:
- Existe uma fonte de elétrons para existir corrente elétrica?
- Se usarmos a analogia da água – que flui de um reservatório localizado em uma região mais alta para uma mais baixa – para explicar a corrente elétrica, como o potencial elétrico seria ilustrado nessa situação?

Exercícios[ii]

1. Qual é a densidade de corrente elétrica que passa por um fio de cobre de 5 mm de diâmetro, sabendo-se que é aplicada uma corrente de 100 mA?

2. Qual é a taxa de transferência de elétrons que se deslocam na seção transversal reta de um fio submetido a uma corrente de 5 mA?

3. Mostre que o módulo da velocidade dos portadores de carga, $\vec{v}_p$, num condutor percorrido por corrente elétrica i, é dada por
$$\vec{v}_p = \frac{|\vec{j}|}{n_e}.$$

4. Um cabo é percorrido por uma densidade de corrente J. Se diminuirmos o raio do cabo pela metade, qual será o novo valor da corrente para que a densidade permaneça constante?

5. Dois cabos condutores, um de alumínio e outro de cobre, estão conectados e submetidos a um corrente de 10 A. O cabo de alumínio tem diâmetro de 2,5 mm e o cabo de cobre, 1,6 mm.
   a) Calcule a densidade de corrente nos condutores.
   b) Sabendo que a massa molar do cobre é de 64 g/mol e sua massa específica de 9 g/cm^3, determine a velocidade dos portadores de carga no condutor cobre.

6. Uma esfera metálica carregada de 0,1 m de raio desloca-se ao longo do seu eixo polar com uma velocidade constante de 5 m/s, ou seja, de forma translacional. O potencial elétrico produzido pelas cargas, na superfície da esfera, é de 1000 V. Qual é a intensidade da corrente gerada pelo movimento da esfera?

7. Demonstre que a densidade de corrente de polarização obedece ao princípio da conservação da carga elétrica.

8. O campo elétrico médio na atmosfera, perto da superfície terrestre, é de 100 N/C, dirigido para o centro da Terra. É detectado um fluxo de íons que atinge a totalidade da superfície da Terra, que é da ordem de $1,8 \cdot 10^3$ A. Supondo que possamos imaginar uma distribuição de corrente isotrópica para representar esse fluxo, calcule a condutividade do ar na vizinhança da superfície da Terra.

---
ii Use: $\epsilon_0 = 8,98 \cdot 10^{-12}$ F/m.

Corrente elétrica e resistência elétrica

9. Discuta de maneira sucinta como explicar a resistividade elétrica de um material usando um modelo mecânico.

10. Mostre que $\dfrac{d\vec{p}}{dt} = \int \vec{r} \cdot \vec{\nabla} \cdot \vec{J}\, dv$, em que $\vec{p}$ é o momento de dipolo elétrico $\vec{p} = q\vec{r}$.

5.
Força eletromotriz e circuitos elétricos

Força eletromotriz e circuitos elétricos

Desde o início do século XX, os circuitos elétricos tornaram-se cada vez mais comuns na vida do ser humano moderno. Diversos aparelhos que utilizamos em nossas residências são circuitos elétricos.

Como são ligadas as lâmpadas da casa ou como funciona a potência do chuveiro são questões que têm como base esse ramo da física.

> Podemos nos questionar do porquê de se saber com mais profundidade sobre esse tipo de assunto, já que a especialização de hoje praticamente impossibilita um indivíduo de tratar de temas tão diversos. Por essa razão, nos questionamos: Qual conhecimento é verdadeiramente significativo para a vida do cidadão comum?

Talvez entender o mundo de tal forma que possamos tecer, com responsabilidade, uma opinião sobre um tema que não é de nosso domínio seja a meta de uma educação emancipadora. Vivemos em uma época de muita informação e de pouco conhecimento. Podemos tomar informações de qualquer fonte (internet, livros etc.), no entanto, associar essas informações e dar um fim a elas é o papel do conhecimento.

Este livro tenta, de maneira singela e por meio de algumas sugestões experimentais e experienciais, permitir que questionemos de maneira mais profunda sobre como funcionam esses elementos que estão em nossa vida e por que os conhecemos tão pouco.

5.1 Força eletromotriz

Como discutimos anteriormente, podemos entender que o campo elétrico é uma perturbação no espaço que orienta a ação das forças elétricas. Vimos também que podemos entender o potencial elétrico como a disponibilidade do campo elétrico para a realização de trabalho. Ao tratarmos da eletrodinâmica, citamos o fato de que o potencial elétrico permite o movimento de corrente elétrica de uma região para outra desde que haja uma diferença entre dois pontos no espaço desse potencial elétrico, a qual, por essa razão, é chamada de *diferença de potencial elétrico*.

Apesar de tudo que discutimos nos capítulos anteriores e sumarizamos no parágrafo precedente, não tratamos sobre quais são os elementos que produzem essa diferença de potencial. São eles dispositivos naturais ou artificiais? Na verdade, será que podemos dizer que algo é artificial? A última pergunta é muito mais filosófica do que necessariamente pragmática. Dentro de células vivas, foram detectadas diferenças de potenciais entre o interior da membrana citoplasmática e o meio intercelular. Nesse sentido, a diferença de potencial é um processo natural ou artificial?

De qualquer forma, para nossos propósitos práticos, qualquer instrumento que permita em um condutor o surgimento de uma diferença de potencial e, assim, gere um movimento de elétrons é denominado *fonte de força eletromotriz*, que será abreviada neste livro com a sigla *FEM* (força eletromotriz).

Dessa forma, baterias são elementos que produzem FEM pela transformação de energia química em elétrica. Da mesma forma, a rede de distribuição de energia elétrica causa uma diferença de potencial elétrico entre dois pontos com energia elétrica retransmitida de um gerador elétrico. No Brasil, a maioria dessa energia elétrica é produzida pela transformação da energia mecânica, oriunda de quedas-d'água, em energia elétrica.

Vamos iniciar nossa conceituação por meio desse dispositivo para descrevermos a corrente elétrica e a relação desta com os outros elementos dos circuitos elétricos, que, como veremos, podem gerar calor, luz e trabalho mecânico. Usaremos um símbolo para a fonte de FEM:

Figura 5.1
Fonte FEM

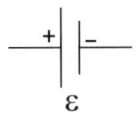

$$-+\ |\ -\!\!\!|-$$
$$\varepsilon$$

Novamente necessitamos de convenções. Historicamente, atribuiu-se que a corrente flui do positivo para o negativo, mas, como discutimos anteriormente, se a corrente elétrica é formada pelo deslocamento dos elétrons, estes devem sair de um ponto com muitos elétrons (ponto negativo) e fluir para uma região com menor quantidade de elétrons (ponto positivo). Usaremos o sentido convencionado em vez do sentido real da corrente.

Todas as figuras a seguir são fontes que produzem força eletromotriz para circuitos elétricos.

Figura 5.2
Fonte elétrica para fechaduras

Armazena a energia elétrica da rede elétrica e altera a tensão elétrica de saída.

Figura 5.3
Pilha elétrica

A mais comum forma de fonte eletromotriz, a pilha obtém energia elétrica obtida da energia química dos diferentes materiais de que é formada.

Força eletromotriz e circuitos elétricos

Figura 5.4
Fonte de alimentação elétrica

Este é outro instrumento que altera a forma, a tensão e a corrente da rede elétrica e é utilizado para fins específicos.

Figura 5.5
Bateria de automóvel

Utiliza o mesmo princípio da pilha, mas, para alcançar maiores valores de tensão, corrente e durabilidade, necessita de maiores dimensões.

5.2 Elementos de circuitos elétricos

Vamos agora abordar outros elementos que fazem parte dos circuitos elétricos. Começaremos com os **resistores**, que, de maneira geral, têm a finalidade de dificultar ou reduzir a passagem da corrente elétrica em um circuito. Nesse processo, os resistores transformam eletricidade em calor. Em certo sentido, a totalidade dos elementos produz calor ao ser submetida a uma corrente elétrica. Por exemplo, uma lâmpada produz calor, logo, pode ser entendida como um resistor, mas sua função principal é a transformação de eletricidade em luz. Neste capítulo, denominaremos *resistores* os elementos que têm como função principal transformar eletricidade em calor. Usaremos o símbolo ▬▬ para ilustrarmos um resistor.

Como vimos anteriormente, a unidade que representa a resistência elétrica é o **ohm**, cujo símbolo é Ω. Há, como podemos observar na figura a seguir, um sistema de código de cores para indicar qual é a resistência elétrica de um determinado resistor. Essa escala é apresentada em potência de 10 e está relacionada com a ordem de grandeza da resistência do resistor. É interessante verificarmos que esse é um instrumento para facilitar o reconhecimento visual do elemento resistivo.

Figura 5.6
Representação do código de cores de resistores

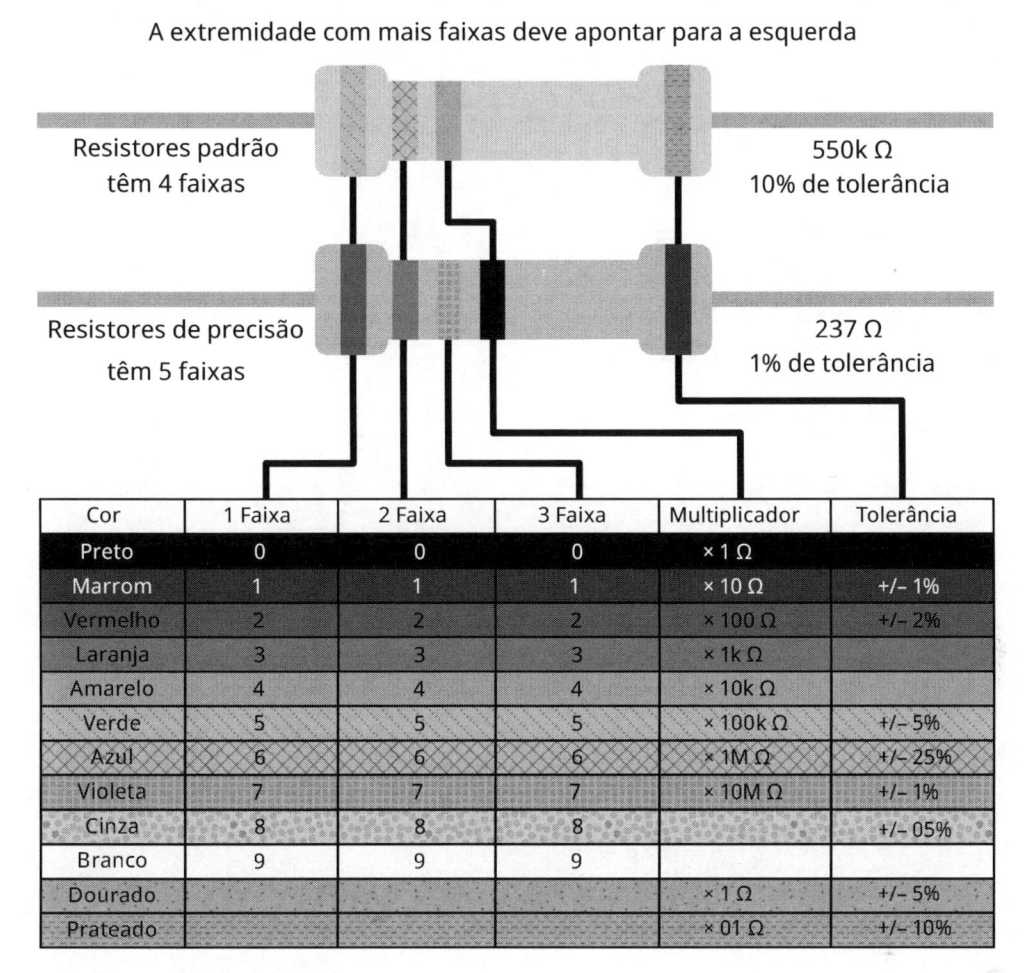

A extremidade com mais faixas deve apontar para a esquerda

Resistores padrão têm 4 faixas — 550k Ω 10% de tolerância

Resistores de precisão têm 5 faixas — 237 Ω 1% de tolerância

Cor	1 Faixa	2 Faixa	3 Faixa	Multiplicador	Tolerância
Preto	0	0	0	× 1 Ω	
Marrom	1	1	1	× 10 Ω	+/– 1%
Vermelho	2	2	2	× 100 Ω	+/– 2%
Laranja	3	3	3	× 1k Ω	
Amarelo	4	4	4	× 10k Ω	
Verde	5	5	5	× 100k Ω	+/– 5%
Azul	6	6	6	× 1M Ω	+/– 25%
Violeta	7	7	7	× 10M Ω	+/– 1%
Cinza	8	8	8		+/– 05%
Branco	9	9	9		
Dourado				× 1 Ω	+/– 5%
Prateado				× 01 Ω	+/– 10%

Fonte: Adaptado de Mundo da Elétrica, 2016.

Os resistores comerciais dentro de um circuito elétrico têm duas funções principais: dividir correntes elétricas e dividir potenciais elétricos. Outro elemento muito comum em circuitos elétricos são os **capacitores**, que podem ser entendidos como os elementos que têm a função de armazenar carga elétrica. Como vimos em capítulos precedentes, qualquer sistema de placas – planas, circulares, paralelas ou superfícies concêntricas – pode armazenar carga elétrica e, assim, ser entendido como capacitor. Em um circuito elétrico, a função do capacitor continua sendo a mesma (armazenar carga elétrica), ainda que apresente a sofisticação do projeto do dispositivo.

Força eletromotriz e circuitos elétricos

A unidade da capacitância é o Farad. Como já percebemos nos exercícios sobre capacitância, existem limitações geométricas para a construção de capacitores. Desse modo, comercialmente temos uma faixa bem definida de capacitores.

Figura 5.7
Resistores comerciais

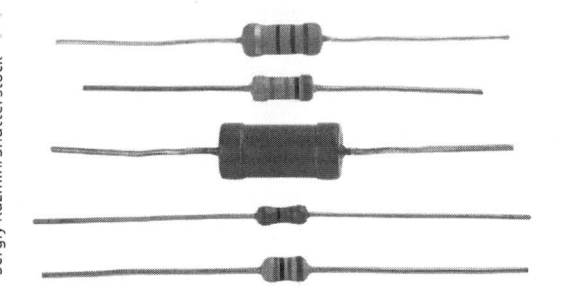

Sergiy Kuzmin/Shutterstock

Até meados do século XX, os capacitores também eram chamados de *condensadores* pelo comportamento semelhante que esses elementos tinham com condensadores de água.

A Figura 5.8 e a tabela 5.1 mostram alguns capacitores comerciais e as faixas mais comuns de capacitância. Para representar um capacitor dentro de um circuito elétrico, temos o símbolo ─┤├─ e, ao lado dele, podemos indicar o valor da capacitância.

Tabela 5.1
Valores de capacitores comerciais

Código	pF	nF	µF
105k	1000000	1000	1
824k	820000	820	0.82
804k	800000	800	0.8
704k	700000	700	0.7
684k	680000	680	0.68
604k	600000	600	0.6
564k	560000	560	0.56
504k	500000	500	0.5
474k	470000	470	0.47
404k	400000	400	0.4
394k	390000	390	0.39
334k	330000	330	0.33
304k	300000	300	0.3
274k	270000	270	0.27
102k	1000	1	0.001
821k	820	0.82	0.00082
801k	800	0.8	0.0008
701k	700	0.7	0.0007
681k	680	0.68	0.00068
601k	600	0.6	0.0006
561k	560	0.56	0.00056
501k	500	0.5	0.0005
471k	470	0.47	0.00047
401k	400	0.4	0.0004
391k	390	0.39	0.00039
331k	330	0.33	0.00033
301k	300	0.3	0.0003
271k	270	0.27	0.00027

Fonte: Adaptado de Baterías de Condensadores, 2015.

Figura 5.8
Capacitores comerciais

Podemos, por fim, definir um circuito elétrico como uma associação de dispositivos elétricos conectados por fios condutores. Assim, devemos pensar em uma grandeza que associe os elementos de forma organizada. Até o momento, temos duas grandezas importantes: a **corrente elétrica** e a **diferença de potencial**.

A Figura 5.9 ilustra dois tipos de circuitos elétricos.

Figura 5.9
Representações ilustrativas de circuitos elétricos básicos

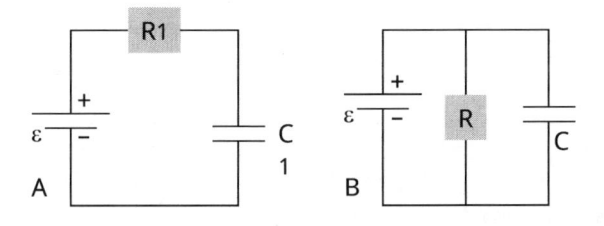

Em ambos os circuitos, existem resistores e capacitores, porém com características diferentes, em virtude da forma como estão associados. Nesse ponto, é importante enfatizar que podemos fazer as mais diversas associações com elementos elétricos. Contudo, neste capítulo, atentaremos para os circuitos de resistores e capacitores, conhecidos como *circuitos RC*. Existem outros tipos de circuitos que utilizam elementos indutivos cuja função é manipular o campo magnético, mas nesse momento analisaremos apenas esses dois elementos.

Para conseguirmos definir as relações que existem entre os elementos elétricos e as propriedades elétricas (corrente e diferença de potencial), vamos primeiro estudar a associação dos tipos de elementos e como as propriedades elétricas são alteradas nestes.

5.2.1 Associação de resistores

Como citamos, a Lei de Ohm é válida para qualquer instrumento cuja relação entre corrente e tensão seja linear. Os resistores, em sua maioria, também se comportam dentro da Lei de Ohm. Por essa razão, dizemos que, ao ser percorrido por uma corrente, surge no resistor uma diferença de potencial nas suas extremidades. Certos autores denominam essa diferença de *potencial de queda de tensão*.

Uma lei que também já citamos, elaborada por Kirchhoff em meados do século XIX, baseando-se no princípio da conservação da carga elétrica, é a Lei das Correntes ou dos Nós, que diz o seguinte: "A soma das correntes que entram em um nó deve ser igual à que sai dele". A palavra *nó* no contexto de circuitos elétricos refere-se à junção de fios. A Figura 5.10 procura ilustrar esse conceito.

Força eletromotriz e circuitos elétricos

Figura 5.10
Esquema de um circuito elétrico para a descrição da primeira Lei de Kirchhoff – Lei das Correntes

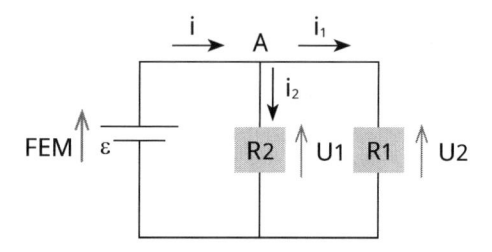

A FEM oriunda da fonte é dada por ε. A corrente i se desloca no mesmo sentido dessa tensão (é importante observar que isso é apenas uma convenção) e, ao chegar ao ponto A, divide-se em duas correntes i_1 e i_2. Pela Lei de Kirchhoff, sabemos que:

$$i = i_1 + i_2 \qquad (5.1)$$

Ainda sobre a Figura 5.10, podemos observar que o sentido que adotamos para as diferenças de potencial que surgem sobre os resistores é contrário à corrente. Isso é definido apenas para que possamos imaginar que a somatória das diferenças de potencial, que podemos chamar de *tensão elétrica*, é contrária ao movimento dos elétrons. Essa ideia pode ser útil para deixar claro em nossas mentes que a energia dentro do circuito deve ser mantida. Devemos imaginar que o circuito elétrico deve ser não dissipativo para que as Leis de Kirchhoff sejam válidas. Isso quer dizer que não há conversão de energia em calor. Pensando dessa forma, identificaremos uma particularidade das grandezas elétricas nesse circuito: a diferença de potencial elétrico sobre os resistores deve ser igual à FEM do circuito. Ou seja:

$$\varepsilon = U_1 = U_2 \qquad (5.2)$$

O que procuramos ao tentar identificar uma associação de elementos é um mecanismo com o qual obtenhamos um dispositivo mais simples e que funcione de forma equivalente para o circuito que temos, independentemente de quão complexo o circuito original seja. O circuito da Figura 5.10 pode ser representado de forma bem mais simples pelo circuito da Figura 5.11, na qual um resistor equivalente simplifica todo o circuito. Vamos encontrar uma expressão para obter o resistor equivalente do circuito da ilustração com base nos elementos do circuito da Figura 5.10.

Figura 5.11
Circuito equivalente ao apresentado na Figura 5.10

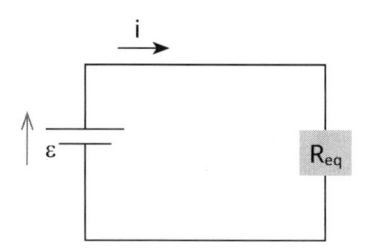

Com a Lei de Ohm em cada resistor, temos:

$$U_1 = R_1 i_1; \; U_2 = R_2 i_2 \qquad (5.3)$$

É fácil encontrarmos i_1 e i_2 com base em 5.3. Podemos, então, aplicá-las em 5.1. Assim:

$$i = i_1 + i_2 = \frac{U_1}{R_1} + \frac{U_2}{R_2} \qquad (5.4)$$

Porém sabemos que a FEM pode ser associada a uma diferença de potencial elétrica oriunda exclusivamente da corrente total **i** e do resistor equivalente. Ou seja:

$$\varepsilon = R_{eq}\, i \Rightarrow i = \frac{\varepsilon}{R_{eq}} \quad (5.5)$$

Finalmente, substituindo a equação 5.5 na 5.4, temos:

$$\frac{\varepsilon}{R_{eq}} = \frac{U_1}{R_1} + \frac{U_2}{R_2} \quad (5.6)$$

Utilizando a expressão 5.2, chegamos finalmente a:

$$\frac{1}{R_{eq}} = \frac{1}{R_1} + \frac{1}{R_2} \quad (5.7)$$

É relativamente simples pela imposição da Lei das Correntes de Kirchhoff generalizarmos esse resultado para **n** resistores. Assim, temos:

$$\frac{1}{R_{eq}} = \sum_{i=1}^{n} \frac{1}{R_i} \Rightarrow R_{eq} = \frac{\Pi_{i=1}^{n} R_i}{\sum_{i=1}^{n} R_i} \quad (5.8)$$

Esse resultado é conhecido como *associação em paralelo de resistores*. Podemos ver, pela expressão 5.8, que a resistência equivalente tende a ser menor do que a resistência individual dos resistores associados. Outro resultado interessante é que uma associação de resistores em paralelo funciona como um divisor de correntes.

Outro tipo de associação de circuitos muito comum é aquela na qual a corrente não é dividida, conhecida como *associação em série*. O circuito da Figura 5.12 tipifica essa associação.

Figura 5.12
Representação de um circuito de uma associação de resistores em série

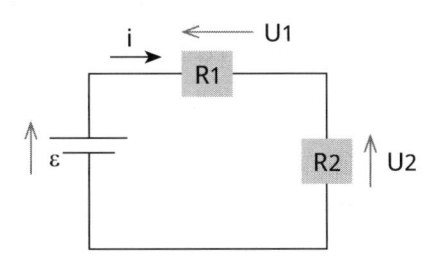

Nessa situação, temos a mesma corrente passando em todos os dois resistores. Portanto:

$$i = i_1 = i_2 \quad (5.9)$$

No entanto, a FEM é igual à soma das diferenças de potencial que surgem em cada resistor. Logo:

$$\varepsilon = U_1 + U_2 \quad (5.10)$$

Usando a mesma suposição de que a FEM pode ser associada a uma diferença de potencial elétrica oriunda exclusivamente da corrente total e do resistor equivalente e utilizando-nos da expressão 5.5, teremos:

$$iR_{eq} = U_1 + U_2 = R_1 i_1 + R_2 i_2 \Rightarrow R_{eq} = R_1 + R_2 \quad (5.11)$$

O último passo da expressão 5.11 ocorreu em virtude da equação 5.9. Da mesma maneira, podemos generalizar o resultado (5.11) para um número muito grande de elementos ou, de maneira mais fácil, para n resistores associados em série. Assim:

$$R_{eq} = \sum_{i=1}^{n} R_i \quad (5.12)$$

Força eletromotriz e circuitos elétricos

Diferentemente da associação em paralelo, a associação em série divide a tensão elétrica (ou diferença de potencial) da fonte que fornece a FEM.

Até o momento, trabalhamos exclusivamente com resistores, mas o que ocorre se associarmos capacitores? É isso o que veremos no item a seguir.

5.2.2 Associação de capacitores

Na verdade, o princípio para a descrição de qualquer associação em circuitos é encontrar a grandeza elétrica que se conserva em cada elemento. Como sabemos, no capacitor, as duas mais importantes grandezas são a queda de tensão elétrica U e a carga elétrica Q, relacionadas por:

$$Q = CU \tag{5.13}$$

Em que C é a capacitância do capacitor.

Vamos utilizar a mesma ideia e começar com capacitores em paralelo. O circuito representado pela Figura 5.13 mostra que teremos a mesma tensão em cada capacitor, que é o mesmo resultado matemático da equação 5.2.

Figura 5.13
Representação de um circuito elétrico em associação em paralelo de capacitores

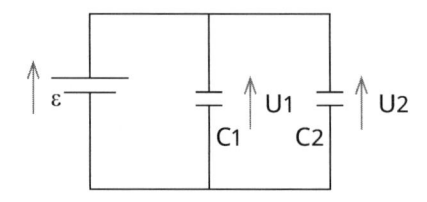

No entanto, a carga elétrica que existe espalhada em todo o circuito elétrico deve ser a soma de carga armazenada em cada capacitor. Isso quer dizer:

$$Q = Q_1 + Q_2 \tag{5.14}$$

Usando novamente as equações 5.2, 5.13 e 5.14, chegaremos finalmente a:

$$Q = C_{eq}\,\varepsilon = Q_1 + Q_2 = C_1 U_1 + C_2 U_2 = C_1\,\varepsilon + C_2\,\varepsilon \Rightarrow C_{eq} = C_1 + C_2 \tag{5.14}$$

Novamente, podemos generalizar o resultado para n capacitores. Assim:

$$C_{eq} = \sum_{i=1}^{n} C_i \tag{5.14}$$

A exemplo dos resistores em série, os capacitores em paralelo têm uma particularidade: são divisores de carga elétrica.

Para pensarmos em capacitores em série, devemos ficar atentos ao fato de a tensão elétrica ser dividida nesse tipo de circuito, como mostra a Figura 5.14.

Figura 5.14
Circuito representando uma associação em série de capacitores

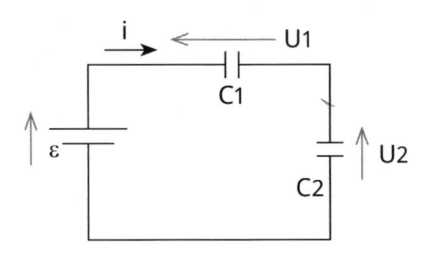

Com isso, temos outra expressão:

$$\varepsilon = U_1 + U_2 \Rightarrow \frac{Q_{total}}{C_{eq}} = \frac{Q_1}{C_1} + \frac{Q_2}{Q_2} \Rightarrow \frac{1}{C_{eq}} = \frac{1}{C_1} + \frac{1}{C_2} \tag{5.15}$$

A quantidade de carga elétrica é a mesma em todos os elementos. Por essa razão, temos o último passo expresso na equação 5.15. Generalizando, a expressão resulta em:

$$R_{eq} = \frac{\Pi_{i=1}^{n} C_i}{\sum_{i=1}^{n} C_i} \tag{5.16}$$

Observe que essa expressão é análoga à associação em paralelo de resistores. No entanto, a afirmação de que a carga é a mesma em todos os capacitores é um tanto quanto arbitrária e impositiva. A razão desse argumento surge pelo fato de que, antes de ligar a bateria (a fonte de FEM), aparentemente as cargas estão neutras, uma anulando a outra. Ao aplicarmos a diferença de potencial, reorganizamos as cargas, mas uma deve anular a outra para que o movimento de elétrons continue constante.

Figura 5.15
Representação de um circuito com duas fontes

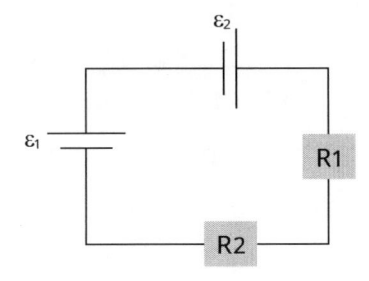

Força eletromotriz e circuitos elétricos

Exemplo

Calcular a corrente do circuito mostrado na Figura 5.15.

Dados: duas baterias com os seguintes valores $\varepsilon_1 = 2V$, $\varepsilon_2 = 4V$, e os resistores são caracterizados por: $R_1 = 2\,\Omega$ e $R_2 = 3\,\Omega$.

Resolução

As duas fontes estão ligadas com seus terminais positivos. Isso indica que a orientação das FEM é contrária entre si. Nesse caso, a corrente tem o sentido da tensão e percorre o circuito no sentido horário. Por essa convenção, a somatória das tensões resulta em:

$iR_1 + iR_2 + \varepsilon_1 - \varepsilon_2 = 0$

É fácil isolar a corrente nessa expressão:

$$i = \frac{\varepsilon_2 - \varepsilon_1}{R_1 + R_2} = \frac{4V - 2V}{2\Omega + 3\Omega} = 0,4A$$

Exemplo

Dado o circuito da Figura 5.16 responda:

a. Qual é a capacitância equivalente do circuito?
b. Qual é a carga elétrica em cada capacitor?
c. Qual é a carga total no circuito?

Figura 5.16
Representação de um circuito de capacitores

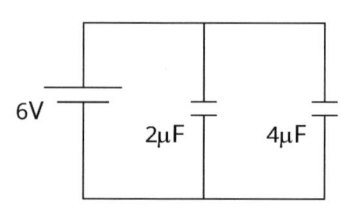

Resolução

a. Olhando o circuito, percebemos que está em série. Logo, a capacitância equivalente será a soma simples das capacitâncias individuais:

$C_{eq} = 2\,\mu F + 4\,\mu F = 6\,\mu F$

Cada capacitor está submetido à mesma tensão da fonte. Assim, cada um terá a carga equivalente à sua capacitância:

$Q_1 = 2\,\mu F \cdot 6V = 12\,\mu C$

$Q_2 = 4\,\mu F \cdot 6V = 24\,\mu C$

b. A carga total do circuito será a soma das cargas. Logo:

$Q = Q_1 + Q_2 = 12 + 24 = 36\,\mu C$

Até o momento, vimos circuitos mais simples e suas aplicações imediatas. Após pensarmos sobre esse comportamento dos circuitos elétricos, podemos tratar de três situações interessantes:

I. quando há os mesmos elementos em circuitos que apresentam diferentes associações;
II. quando há diferentes elementos com a mesma associação;
III. quando há diferentes elementos e diferentes associações.

Levando em conta todas essas situações, como saber quais são as correntes que percorrem os elementos e as quedas de tensão em cada elemento? Para respondermos a esse questionamento, usaremos outra lei de Kirchhoff, mas, para entendermos a sua importância, abordaremos antes como a potência se relaciona nesses sistemas. Para tanto, vamos discutir um fenômeno conhecido como *efeito Joule*, que trata de um problema que já comentamos aqui: a dissipação da energia elétrica em outra forma de energia, como o calor.

5.3 Efeito Joule em circuitos elétricos

A função principal de um circuito elétrico, em última instância, é permitir o transporte de cargas elétricas de um ponto a outro e, nesse processo, transformar energia elétrica em outro tipo de energia. Assim, um infinitésimo de carga elétrica, ao viajar de um ponto positivo (+) a um ponto negativo (−) das fontes que representamos na Figura 5.9, submetido à ação da diferença de potencial ε, utilizará uma energia para esse processo. O trabalho dw disponível para essa energia será:

$$dw = dq\varepsilon \tag{5.17}$$

Como esse deslocamento de carga elétrica é associado à corrente elétrica que flui pelo circuito $\left(i = \dfrac{dq}{dt}\right)$, temos:

$$dw = (idt)\varepsilon \tag{5.18}$$

Se manipularmos um pouco (5.18), chegaremos a uma expressão para a potência elétrica dissipada P, que, nesse processo, será dada por:

$$P = \dfrac{dw}{dt} = i\varepsilon \tag{5.19}$$

A unidade de potência elétrica é watt, **W**, que corresponde a Joule/segundo. Em qualquer dispositivo com uma diferença de potencial **V**, a potencial gerada será **iV**.

Podemos pensar, no caso particular (que depois generalizaremos) de um condutor, em um trecho **dl** com seção **S**, submetida a uma diferença de potencial ΔV, que o infinitésimo de potência dissipada, dP, nesse trecho será:

$$dP = i\Delta V = i\dfrac{\Delta V}{dl}dl \tag{5.20}$$

Mas, $\dfrac{\Delta V}{dl}$ é próprio módulo do campo elétrico. Pensando que a corrente **i** que percorre

Força eletromotriz e circuitos elétricos

o trecho **dl** é resultado da ação da densidade de corrente elétrica, **J**, ao passar na seção **S**, temos que:

$$dP = iEdl = |\vec{J}||\vec{S}|\,Edl = \vec{J}\cdot\vec{E}dv \qquad (5.21)$$

Nesse ponto, identificamos que o produto da área pelo trecho **dl** resulta em um elemento de volume **dv**. Assim, temos uma outra expressão que relaciona a variação da potência elétrica dissipada no volume dentro de um condutor com campo elétrico e a densidade de corrente elétrica, que será:

$$\frac{dP}{dv} = \vec{J}\cdot\vec{E} \qquad (5.22)$$

Essa potência indica o quanto da energia é dissipada, principalmente em forma de calor. Se temos um condutor ôhmico de resistência **R**, com a Lei de Ohm, podemos relacionar a potência com a resistência elétrica. Assim, chegamos à expressão:

$$P = i^2 R \qquad (5.23)$$

Exemplo

Uma coisa muito comum é observarmos, na conta de energia elétrica das residências, os valores em kWh (quilowatts hora). Podemos imaginar uma casa que tem quatro eletrodomésticos: um refrigerador com consumo de 1,54 kWh/dia; uma máquina de lavar com potência de 0,88 kW; um chuveiro com potência de 4,6 kW; um micro-ondas com 1,5 W. Faça uma estimativa média de uso desse tipo de eletrodoméstico e, com base nesses dados, responda:

a. Qual é a estimativa de consumo energético em kilowatt-hora em um mês de 30 dias?
b. Qual seria esse valor em joules?
c. Exprima uma relação entre tempo e uso dos eletrodomésticos, de tal forma que possamos visualizar o uso desses aparelhos para o consumo de energia elétrica.

Resolução

a. O primeiro passo nesse tipo de problema é entender as unidades apresentadas. Normalmente, aparelhos como refrigeradores indicam o consumo, a quantidade de energia utilizada durante um determinado período de tempo. Outros aparelhos, como o chuveiro e os multiprocessadores, contêm informações sobre a potência destes. A Tabela 5.2 mostra uma distribuição possível de tempo de consumo.

Tabela 5.2
Estimativa de consumo mensal

Aparelho	Tempo médio ligado durante o dia (horas)	Consumo no dia (kWh)	Consumo Total mês (kWh)
Refrigerador	24	1,54	46,2
Máquina de lavar	0,5	0,44	13,2
Chuveiro	0,75	3,45	103,5
Micro-ondas	1,0	1,5	45,0
Total			207,9

Quando temos a potência, **P**, e desejamos obter o consumo, **C**, fazemos o produto do tempo pela potência. A resposta é 207,9 kWh.

b. O valor em joule representa a energia utilizada e, para tanto, utilizamos a transformação das unidades.

$$207,9 \text{ kWh} = 207,9 \cdot 10^3 \text{ W} \cdot 60 \text{ minutos} = 1,25 \cdot 10^7 \frac{J}{s} \text{ minutos} = 7,48 \cdot 10^8 \frac{J}{s} \text{ s} = 7,48 \times 10^8 \text{ J}$$

Note que a melhor forma de apresentar esse resultado é em potência de 10, já que o valor é muito alto. Por essa razão, é sempre interessante usar as unidades de kWh e outras de consumo em vez de apenas os valores da potência.

c. Essa é uma questão que nos leva a uma expressão analítica. Se deixarmos apenas em termos da potência dissipada pelo aparelho, devemos reescrever os coeficientes da variável tempo. Assim, temos que a energia E_T será:

$E_T = (P_1 + P_2 + P_3 + P_4)t \Rightarrow E_T = t \sum_i^n P_i$

Em que P_i é a potência do aparelho **i**.

A expressão aparentemente é simples e pode ser resolvida derivando a relação de tempo e igualando a zero para encontrar quais parâmetros melhor se ajustam quando procuramos minimizar o consumo de um dos aparelhos.

No entanto, o problema é mais complexo, pois a variável temporal – o tempo para cada aparelho – não é contínua, uma vez que apresenta valor em algum intervalo e é nula em outro. Existem algumas ferramentas, como a função de delta de Dirac, para tentarmos modelar esse tipo de problema. Aqui, há a aplicação de muitos conceitos matemáticos muitas vezes abstratos, mas que sempre tiveram sua origem em necessidades práticas.

Agora temos mais uma variável para nos ajudar a entender os caminhos da energia nos circuitos elétricos. A potência dissipada no circuito é uma variável importante, mas devemos estar atentos para a seguinte questão: Como modelar diferentes elementos em um mesmo circuito? Para respondê-la, necessitamos, além da expressão da potência dissipada, de outra ferramenta para obtermos a tensão e a corrente elétrica nos elementos do circuito. Essa ferramenta é uma outra aplicação do princípio da conservação da energia, a chamada *Lei das Malhas* dos circuitos elétricos.

5.4 Lei das Malhas

A Lei das Malhas, ou *regra das malhas*, pode ser entendida como um resultado da lei da conservação da energia. A ideia principal é a de que, se dividirmos o circuito elétrico em ramos ou malhas, regiões no espaço bem definidas, a somatória das diferenças de potencial elétrico dentro de uma região será nula.

Na Figura 5.17 temos a representação de um circuito.

Figura 5.17
Representação de um circuito elétrico para ilustrar a Lei das Malhas

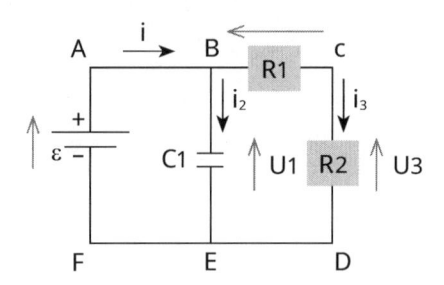

Como primeiro passo, devemos estabelecer qual é a configuração de malhas no circuito. Nessa situação temos três malhas. Na primeira delas, que liga os pontos **ABCDEF**, a somatória das tensões elétricas é nula, o que resulta no seguinte sistema de equações:

$$\varepsilon - i_3 R_1 - i_3 R_2 = 0 \tag{5.24}$$

A segunda malha é definida pela ligação dos pontos **ABEF**, e a somatória das tensões é dada por:

$$\varepsilon - U_1 = \varepsilon - \frac{q}{C_1} = 0 \tag{5.25}$$

O último elemento da equação 5.25 surge pelo fato de termos um capacitor, e a diferença de potencial depende da capacitância. A terceira e última malha é definida pela ligação dos pontos **BCDE**. Com isso, temos a seguinte expressão:

$$i_3 R_1 - i_3 R_2 + \frac{q}{C_1} = 0 \tag{5.26}$$

Pela regra dos nós, temos a seguinte expressão que relaciona as correntes elétricas:

$$i = i_2 + i_3 \tag{5.27}$$

Dessa forma, se conhecemos a FEM e uma das tensões U_1, U_2 ou U_3, podemos deduzir que é possível encontrar os elementos desconhecidos, pois há quatro equações e quatro incógnitas.

Vale a pena ressaltar que podemos ter outro resistor no lugar do capacitor do circuito estudado aqui. Dessa forma, podemos resolver a maioria dos problemas de circuitos elétricos combinando a Lei das Malhas com a Lei dos Nós. Existe toda uma arte na resolução de circuitos elétricos, pois, para muitas aplicações, uma grande variedade de configurações pode surgir. Existem os equivalentes de Thevenien e de Norton que auxiliam na solução de qualquer circuito. Neste capítulo, não nos ateremos mais na resolução de circuitos de associações mistas. Nos exercícios, proporemos o treino da aplicação dessas regras. Em nossos derradeiros esforços, vamos nos dedicar a entender qual é a corrente elétrica em um circuito composto por um capacitor e um resistor. Para isso, observe a Figura 5.18 e suas analogias com sistemas mecânicos.

Figura 5.18
Representação esquemática de um circuito misto do tipo RC

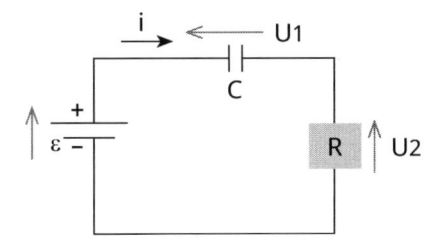

No circuito ilustrado, há um capacitor e um resistor ligado a uma fonte com FEM ε. Esse tipo de circuito é conhecido como *RC* pela abreviação dos dois componentes que o formam. De imediato, ao ligarmos na bateria, o capacitor será carregado. Usando a Lei das Malhas, podemos montar o conhecido sistema de equações:

$$\varepsilon - \frac{q}{C} - iR = 0 \qquad (5.28)$$

Quando temos uma equação, podemos descobrir uma grandeza em função de outra. Na equação 5.28, temos duas constantes características do elemento capacitivo **C** e do elemento resistivo **R**, uma propriedade característica da fonte elétrica ε e duas variáveis desconhecidas, a carga elétrica **q** e a corrente elétrica **i**. Se temos duas incógnitas e apenas uma equação, não podemos resolver de forma direta um sistema de equações algébricas. No entanto, conhecemos uma relação entre **q** e **i** que determina que $i = \frac{dq}{dt}$. Isso transforma a equação 5.28 de equação algébrica em equação diferencial, pois relaciona não só operações algébricas como também funções. Reorganizando 5.28, temos:

$$\frac{dq}{dt} R + \frac{q}{C} = \varepsilon \qquad (5.29)$$

Nesse tipo de equação, não procuramos um valor fixo, um número, que é o objetivo quando resolvemos uma equação algébrica, mas sim uma função, nesse caso um **q(t)**, que descreve a carga elétrica, no decorrer do tempo, dentro do circuito. Esse tipo de equação diferencial apresenta uma solução, que é a soma da solução da equação diferencial homogênea, **q(h)**, com a solução particular. A equação diferencial homogênea é aquela que não apresenta um termo diferente dos parâmetros da função que desejamos descobrir:

$$\frac{dq_h}{dt}R + \frac{q_h}{C} = 0 \qquad (5.30)$$

Do ponto de vista físico, 5.30 é a equação de descarga do capacitor, ou seja, quando o capacitor já está carregado e começa a transferir sua carga para o resistor. Para encontrar a solução 5.30, podemos usar uma suposição: procurarmos uma função cuja derivada multiplicada por uma constante, somada a ela mesma e multiplicada por outra constante resulte em um valor nulo. Sabemos, pelo cálculo diferencial, que uma função que apresenta a propriedade de ser ela mesma após uma derivada é a função exponencial. Para tanto, usaremos como "teste" uma função do tipo: $q_h(t) = e^{-\lambda t}$, em que λ é uma constante que chamamos de *raiz da equação*. Substituindo essa função em 5.30, chegaremos a uma expressão algébrica:

$$\frac{dq_h}{dt}R + \frac{q_h}{C} = -\lambda R e^{-\lambda t} + \frac{e^{-\lambda t}}{C} = 0 \Rightarrow -\lambda R + \frac{1}{C} = 0$$

Com base nessa expressão, encontramos o valor da raiz da equação, que é $\lambda = \frac{1}{RC}$. No entanto, ainda não temos a expressão geral da equação de **q(t)**, pois sabemos que a carga do circuito depende do valor inicial que tinha o circuito quando começamos a observá-lo. Por exemplo, se tomarmos o resistor e o capacitor (descarregado) no instante anterior àquele em que os ligarmos em uma fonte, saberemos que não existe carga no circuito. Se retirarmos a fonte, obervamos que existe um valor de carga no circuito armazenada no capacitor. Assim, para que nossa equação "teste" seja completa, necessitamos de um pouco mais de trabalho. Para isso, precisamos da solução particular, $q_p(t)$, função que atende à equação diferencial com parâmetros que diferem apenas da função para a qual procuramos solução. Assim, a equação diferencial é:

$$\frac{dq_p}{dt}R + \frac{q_p}{C} = \varepsilon \qquad (5.31)$$

Uma solução pode ser uma constante no tempo, como $q_p(t) = K\varepsilon$, em que K é uma constante. Se substituirmos essa função em 5.31, teremos uma igualdade consistente. A solução total para atender à equação diferencial 5.27 será a soma da solução homogênea com a solução particular. Ou seja:

$$q(t) = q_h(t) + q_p(t) = Ae^{-t/RC} + K\varepsilon \qquad (5.32)$$

Na equação 5.32, **A** é uma constante que depende dos valores iniciais. Esse é um resultado interessante, pois a solução da equação diferencial atende tanto ao caso em que o capacitor está descarregando quando em carregamento. Para o instante em que estamos com o capacitor sem carga e anterior à conexão com a fonte, dizemos que a carga do circuito será $q_0 = 0$. É fácil percebermos que:

$$q(t=0) = q_0 = 0 = Ae^0 + K \Rightarrow A = -K$$

Temos como expressão final:

$$q(t) = C\varepsilon\,(1 - e^{-t/RC}) \quad (5.33)$$

Essa é a expressão para o processo de carregamento do capacitor. No entanto, quando retiramos a fonte, e o capacitor começa a descarregar, usando o mesmo procedimento de calcular as constantes, encontramos a expressão para a descarga do capacitor e haverá a particularidade de termos apenas a solução homogênea.

Baseados na equação 5.33, podemos encontrar a diferença de potencial do circuito **V(t)** e a corrente elétrica, **i(t)**, que passa pelo circuito na situação de carga do capacitor, a saber:

$$V(t) = \frac{q(t)}{C} = \varepsilon\,(1 - e^{-t/RC}) \quad (5.34)$$

$$I(t) = \frac{dq(t)}{dt} = \frac{\varepsilon}{R}\,e^{-t/RC} \quad (5.35)$$

Podemos observar, com base nos gráficos ilustrados na Figura 5.19 e na Figura 5.20, que, assim como a carga elétrica, a corrente elétrica é uma função decrescente (faz todo o sentido se pensarmos que existe um carregamento do capacitor) e a movimentação das cargas diminuirá conforme o capacitor fique carregado.

Figura 5.19
Representação da evolução temporal do potencial elétrico em um circuito RC

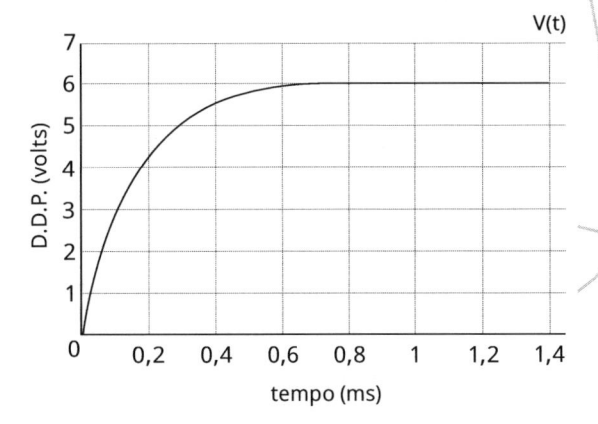

Figura 5.20
Representação da evolução temporal da corrente elétrica de um circuito RC

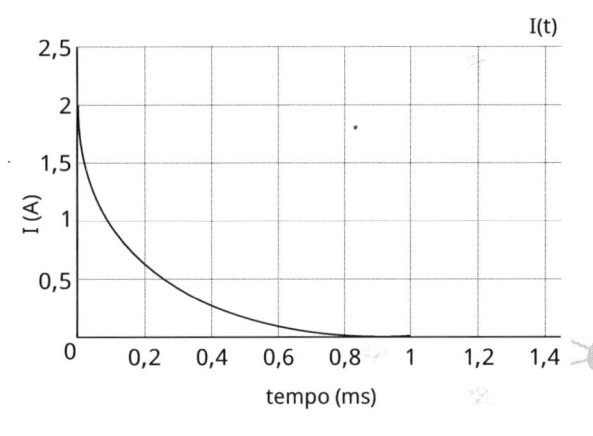

É interessante ressaltarmos alguns parâmetros nesse tipo de sistema. O tempo para se alcançar a tensão máxima, que denominaremos de *constante de tempo*, é dado por $\tau = RC$. Outra característica interessante é a sua semelhança com sistemas mecânicos em que a velocidade de um corpo se deslocando em um meio viscoso apresenta uma modelagem muito semelhante

Força eletromotriz e circuitos elétricos

à que verificamos com a corrente no circuito RC. Por fim, o circuito RC pode ser entendido, em termos práticos, como um circuito para armazenar energia elétrica e corrente para uso durante um intervalo de tempo determinado.

Exemplo

Um capacitor com capacitância de 6 μF está descarregando através de um resistor de 3 kΩ. Responda:

a. Qual é o valor da constante de tempo?
b. Após quantas constantes de tempo a carga atingirá metade de seu valor inicial?
c. Após quantas constantes de tempo a energia armazenada no capacitor atingirá metade de seu valor inicial?
d. Os resultados do itens **b** e **c** dependem de valores específicos de resistência e capacitância?

Resolução

a. Como discutimos, a constante do tempo em um circuito RC é o produto entre a capacitância e a resistência, τ, e é dada por: $\tau = RC = 3 \cdot 10^3 \, \Omega \cdot 6 \cdot 10^{-6} \, F = 18 \cdot 10^{-3}$ s, ou seja 18 milissegundos.

b. Usaremos a expressão da carga elétrica, mas com uma atenção especial. Precisamos apenas da solução homogênea na situação de descarga do capacitor, logo, $q_h(t) = q_0 e^{-\lambda t}$, em que q_0 é o valor da carga inicial. Sabemos a raiz da equação característica λ, que é o inverso do tempo de decaimento. Sendo assim, $q(t) = q_0 e^{-t/RC}$. Queremos o tempo para o qual a carga é metade da inicial, logo:

$$q(t) = \frac{q_0}{2} = q_0 e^{-t/RC} \Rightarrow \frac{1}{2} = e^{-t/RC} \Rightarrow t = \ln(2) RC = 0{,}69 \, RC$$

Isso quer dizer que, após 69% do tempo de decaimento, a carga será metade da carga inicial.

c. Como sabemos, a energia do capacitor, U, tem uma relação direta com a carga dada por:

$$U = \frac{q^2}{2C} \Rightarrow U(t) = \frac{(q_0^2)}{2C} e^{-2t/RC} = U_0 e^{-2t/RC}$$

A energia inicial está relacionada com a carga inicial com a mesma expressão. Sendo assim:

$$U(t) = \frac{U_0}{2} = U_0 e^{-2t/RC} \Rightarrow \frac{1}{2} = e^{-2t/RC} \quad t = \frac{\ln(2)}{2} RC = 0{,}35 \, RC$$

Isso significa que a energia estará na metade antes da carga estar pela metade.

d. Os resultados das questões anteriores independem dos valores da capacitância e da resistência. São características da física dos fenômenos elétricos em circuitos.

Síntese

Para fins didáticos, definimos neste capítulo que uma fonte de força eletromotriz é um dispositivo que fornece energia para manter uma diferença de potencial elétrico entre dois pontos. Esse dispositivo pode ter sua origem em fenômenos químicos ou mecânicos.

Um circuito elétrico pode ser definido como a união de elementos elétricos por meio de fios condutores de resistência desprezível para nosso fim.

Os elementos elétricos que apresentamos neste capítulo foram os resistores e os capacitores, que são dispositivos que têm a função principal de reduzir (ou impedir o fluxo) a corrente elétrica e armazenar energia, respectivamente. Tanto resistores quanto capacitores podem se associar de duas formas análogas: em série e em paralelo.

Uma ferramenta interessante para a descrição de como a energia elétrica se propaga dentro de um circuito elétrico é o efeito Joule, que nos permite descrever a transformação da energia elétrica em energia térmica.

Vimos também a Lei das Malhas dos circuitos elétricos, que é uma poderosa ferramenta para obter a corrente, a tensão e a carga elétrica de qualquer tipo de circuito elétrico.

Entre algumas conclusões que podemos tirar neste capítulo é que, para qualquer alteração na natureza, o ser humano esforça-se para tentar entender a realidade sensível. Em circuitos elétricos não é diferente. Esse dispositivo elétrico serve para atender às necessidades específicas do dia a dia. No entanto, a sua completa compreensão abrange a formulação de muitas ideias, que incluem a contribuição de muitos ramos do conhecimento humano. O profissional consciente deve estar atento à necessidade de entender todas essas dimensões para a realização de sua atividade.

Atividades de Autoavaliação

1. Leia as proposições a seguir e assinale a alternativa correta:
    i. Uma fonte elétrica é um instrumento que visa produzir energia elétrica por meio de algum processo químico.
    ii. *Fonte elétrica* é o mesmo que *bateria elétrica*.
    iii. Fonte elétrica é um elemento que é caracterizado pela produção de energia elétrica por meio de algum processo físico.
    a) Apenas a proposição I está correta.
    b) Todas as proposições estão corretas.

Força eletromotriz e circuitos elétricos

   c) Apenas a proposição II está correta.
   d) Nenhuma das proposições está correta.

2. Indique quais são as alternativas que completam corretamente a sentença a seguir:
   Um circuito elétrico pode ser caracterizado como sendo
   a) um conjunto de elementos elétricos não conectados.
   b) um conjunto de elementos elétricos ligados por fios condutores.
   c) um conjunto de elementos elétricos que produzem grandezas elétricas para fins específicos.
   d) um conjunto de elementos elétricos que são submetidos à tensão e à corrente elétrica.

3. Com relação à associação de elementos elétricos, indique com V as afirmativas verdadeiras e com F as falsas.
   ( ) A resistência equivalente de uma associação em paralelo de resistores é menor que a resistência de qualquer um dos resistores individuais da associação.
   ( ) Em uma associação de três resistores em série, a resistência equivalente será mais influenciada pelo resistor de maior valor nominal.
   ( ) Em uma associação em série de dois capacitores, a capacitância equivalente será maior do que o valor das capacitâncias individuais.
   ( ) A capacitância equivalente de uma associação em paralelo de capacitores é maior que a capacitância de qualquer um dos capacitores individuais da associação.

4. Tendo um aparelho que funciona com 110 V de tensão e um aparelho que funciona a 220 V, podemos afirmar:
   a) O aparelho de 110 V tem uma potência menor que o aparelho de 220 V.
   b) O aparelho de 110 V tem uma potência maior do que o aparelho de 220 V, desde que ele apresente uma resistência maior.
   c) O aparelho de 110 V apresenta potência menor do que o aparelho de 220 V, desde que ambos requeiram a mesma corrente elétrica.
   d) O aparelho de 220 V apresenta potência menor do que o aparelho de 110 V, desde que ambos requeiram a mesma corrente elétrica.

5. A potência elétrica dissipada apresenta semelhança com a potência mecânica dissipada, que pode ser expressa da seguinte forma:
   a) A potência elétrica é representada pelo produto da corrente elétrica e a força eletromotriz, assim como a potência mecânica é um produto entre a força e a velocidade.
   b) A potência elétrica é representada pelo produto da corrente elétrica e a

velocidade de deriva, assim como a potência mecânica é um produto entre a força e a aceleração.

c) A potência elétrica é representada pelo produto da corrente elétrica e a força eletromotriz, assim como a potência mecânica é um produto entre a força e a aceleração.

d) A potência elétrica é representada pelo produto da corrente elétrica e a força eletromotriz, assim como a potência mecânica é um produto entre a velocidade e a aceleração.

Atividades de aprendizagem

Questões para reflexão

1. Procure em sua residência aparelhos elétricos, verifique as características deles e pense como podem ser entendidos como circuitos elétricos ou elementos de circuitos. Por exemplo: duas lâmpadas instaladas em um corredor ou em uma escada. Discuta com outras pessoas como é o consumo de energia nessas situações.

2. Qual é a relação entre a espessura de um condutor e a potência que ele dissipa ao ser percorrido por uma corrente elétrica?

Atividade aplicada: prática

Existem diversos *softwares* para desenho de circuitos elétricos. Alguns deles são simuladores que funcionam dentro do próprio navegador da internet. Um destes é o falstad[i]. Pesquise esse *software* e tente aplicar nele os exercícios aqui contidos para verificar os seus resultados.

Exercícios

1. Dada a seguinte a associação de resistores ilustrada a seguir, calcule o valor da resistência equivalente, sabendo que os valores dos resistores são $R_1 = 5\ K\Omega$, $R_2 = 20\ k\Omega$ e $R_3 = 1\ M\Omega$. Nessa configuração, qual é o resistor que tem maior representatividade no circuito e por qual razão?

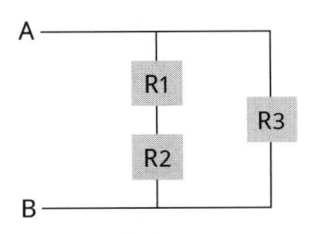

A ── ┬──── R1 ────┬────────┐
     │   │   R3
     └──── R2 ────┘   │
B ─────────────────────────┘

2. Diante da hipótese de ligarmos uma fonte que forneça uma FEM de 12 V nos pontos A e B da associação de resistores do exercício anterior, responda às seguintes questões:

   a) Quais são as correntes que passam por cada um dos resistores?

   b) Quais são as quedas de tensão em cada um dos resistores?

   c) Qual é a razão entre a potência dissipada nos resistores R_1 e R_2 e no resistor R_3?

---

i   Para conhecer esse *software*, você pode acessar: <http://www.falstad.com/circuit/>. Acesso em: 6 mar. 2017.

Força eletromotriz e circuitos elétricos

3. Dado o circuito representado pelo esquema a seguir, qual será o valor da resistência do resistor?

   Esquema do circuito

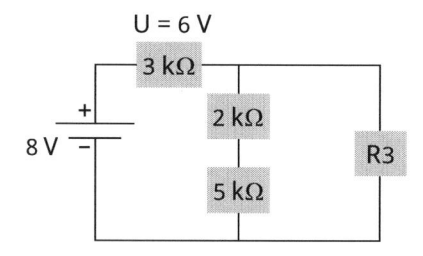

   A queda de tensão no resistor de 3 kΩ é de 6 V.

4. Qual será a capacitância equivalente da associação de capacitores representada pela figura a seguir? Dados: as capacitâncias C1, C2, C3 são, respectivamente, 3 μF, 5 μF e 8 μF.

   Esquema da associação de capacitores

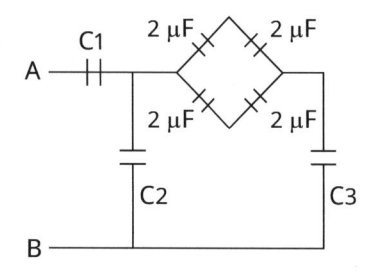

5. Um conjunto de 3 lâmpadas incandescentes (aquelas antigas) de 60 W de potência estão ligadas na rede elétrica de 220 V.

   a) Nesse tipo de lâmpada, 10% da energia é transformada em luz visível. Qual seria o percentual da corrente elétrica se a lâmpada transformasse toda a sua potência em luz?

   b) Qual é a diferença se escolhermos uma associação mista em um circuito com essas lâmpadas? Discuta a diferença em termos da eficiência e consumo do sistema.

6. O campo elétrico médio na atmosfera, perto da superfície terrestre, é da ordem de 100 N/C, com direção vertical e sentido de cima para baixo da superfície. Imagine que você encontre um sinal eletromagnético através de uma antena que mostra em uma área de 1 m² uma variação de 50 W entre a altura de 1 metro e 1,5 metros. Com base nesses dados, argumente se é possível encontrar uma densidade de corrente nessa região e qual é o seu valor.

7. Um ebulidor (conhecido como "*rabo quente*" em alguns lugares do Brasil) é um aparelho utilizado para ferver água. Trata-se de um cabo metálico que, ao ser percorrido por uma corrente elétrica, libera calor. Suponha que um ebulidor ligado a uma fonte de 220 V faz com que 1 L de água ferva a 100 °C, após 5 minutos, a partir da temperatura de 25 °C. Se a corrente que percorre o ebulidor é de 6 A, calcule:

   a) Qual é a energia elétrica utilizada?

   b) Qual é a energia térmica? Dados: 1 cal – 4,18 J; densidade da água – 1 g/ml; calor específico da água – 1 cal/g°C.

8. Demonstre que $\dfrac{dP}{dv} = \sigma E^2$, em que E é o módulo do campo elétrico, dv é um infinitésimo de volume e σ é a condutividade elétrica.

9. Para o circuito da figura a seguir, encontre:
   a) Qual é o tempo de descarga desse circuito quando a bateria é removida?
   b) Qual é a expressão da corrente elétrica?

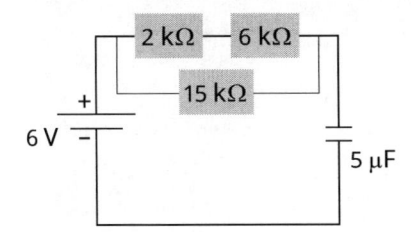

6. Campo magnético

Campo magnético

Hoje é muito difícil encontrarmos um elemento que seja naturalmente magnético, pois a maioria dos dispositivos usam eletroímãs (veremos mais adiante o que são esses elementos), mas, historicamente, os primeiros relatos de uma substância que atraía pedaços de ferro foram encontrados na literatura da Grécia Antiga, na região de Magnésia. Esse fenômeno, por essa razão, foi batizado de *magnetismo*, e essa substância (uma liga de ferro) foi chamada de *magnetita*.

Cerca de mil anos antes de Cristo, os chineses já haviam descoberto que uma agulha de magnetita tem a capacidade de se orientar livremente num plano horizontal, alinhando-se aproximadamente na direção norte-sul.

William Gilbert, em 1600, publicou um extenso tratado sobre o magnetismo. Nesse trabalho, foi verificado o comportamento de muitos elementos magnéticos, levantando-se, pela primeira vez, a hipótese de que a Terra fosse, na verdade, um grande ímã (Nussenzveig, 2003).

6.1 Propriedades do magnetismo

Uma das primeiras constatações a respeito das propriedades magnéticas são os polos (pontos que se atraem ou se repelem) nas barras de um material e que convencionamos chamar de *polos norte* e *sul*, conforme podemos observar na Figura 6.1.

Figura 6.1
Comportamento dos polos de um ímã

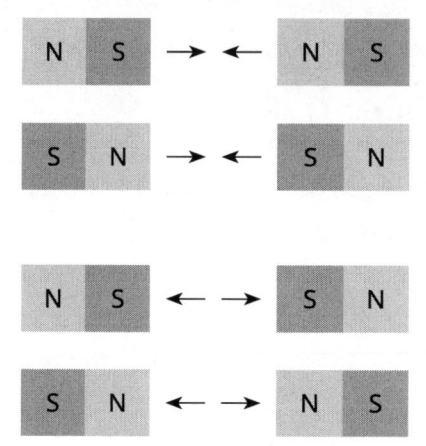

A exemplo dos fenômenos elétricos, há uma atração e uma repulsão, mas esse comportamento de repulsão e atração encerra-se dentro do mesmo objeto. Também se convencionou que os lados opostos se atraem e os iguais se repelem.

Nós, seres humanos, sempre ficamos tentados a encontrar simetrias na natureza. Por essa razão, automaticamente somos levados a pensar que existe alguma coisa no magnetismo semelhante à carga da eletricidade.

Mas devemos lembrar que a carga foi idealizada como elemento fundamental de um "fluido" que é oposto a outro. Também poderiam existir objetos com apenas um desses "fluidos", os quais, hoje sabemos, estão relacionados a uma partícula elementar.

O primeiro resultado experimental importante no magnetismo é que, se você quebra uma barra magnética, os polos norte e sul surgem nos pedaços isolados (veja Figura 6.2). Sendo assim, a analogia com a carga elétrica cai por terra. Também, fazer a relação com uma lei, como a Lei de Coulomb, é algo mais difícil no magnetismo.

Figura 6.2
Produção de novos ímãs com a quebra de um primeiro

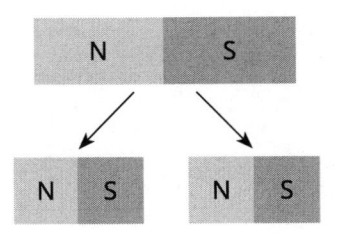

Por essa razão, nossa primeira formulação teórica é feita com partículas em movimento, como veremos a seguir.

Em vez de pensarmos em uma carga puntiforme como na eletricidade, temos um dipolo magnético, que é análogo ao dipolo elétrico. Como todo ímã apresenta esse comportamento dual (os polos norte e sul), não encontramos uma carga magnética que apenas atrai ou repele. Também não encontramos um ímã que apenas atrai as extremidades de quaisquer outros ímãs. Se isso ocorresse, teríamos o chamado *monopolo magnético*, o qual não é encontrado na natureza.

Por essa razão, na maioria dos livros, o magnetismo não é estudado sob o viés de uma lei, como a Lei de Coulomb, que associa duas cargas elétricas para corpos diferentes. Para começar nossos estudos, vamos definir uma entidade análoga da eletricidade, o **campo magnético**.

6.2 Campo magnético

No magnetismo, as cargas elétricas em movimento são influenciadas por uma entidade que denominaremos *campo magnético* ($\vec{B}$), que, assim como o campo elétrico, deve orientar a força que surge nessas cargas em movimento. É importante notar que não estamos tratando de corpos que emanam outro campo magnético e interagem entre si, mas sim de uma carga elétrica que sofre a ação de um campo magnético oriundo de um corpo (do qual não daremos mais detalhes). A primeira situação discutiremos mais tarde.

Para ilustrarmos o campo magnético, podemos fazer um rápido procedimento experimental. Pegue uma quantidade de limalha de ferro (elemento que sofre atuação das forças magnéticas) e distribua sobre uma mesa. Após perceber a orientação da limalha, coloque um ímã em forma de barra no meio dela e observe o que acontece.

A Figura 6.3 ilustra o resultado dessa experiência, com a representação de linhas como as que pensamos no caso do campo elétrico (os campos de aproximação e de afastamento). A figura mostra a convenção estabelecida para a orientação do campo elétrico, tendo origem no polo norte e finalizando no polo sul, o que nada mais é do que uma convenção.

Campo magnético

Figura 6.3
Orientação da limalha de ferro na presença de um ímã

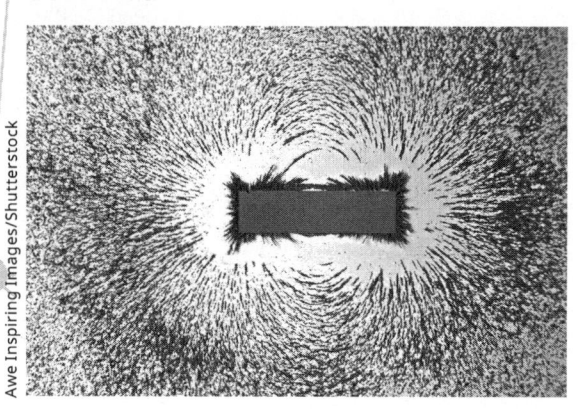

Na Figura 6.4, a seguir, podemos perceber também que, quanto mais distante dos polos estiverem as linhas do campo magnético, mais próximas de linhas paralelas elas se formarão. Por meio dessas linhas, surgem forças que dependem dos elementos submetidos a esse campo.

Figura 6.4
Representação das linhas de campo magnético

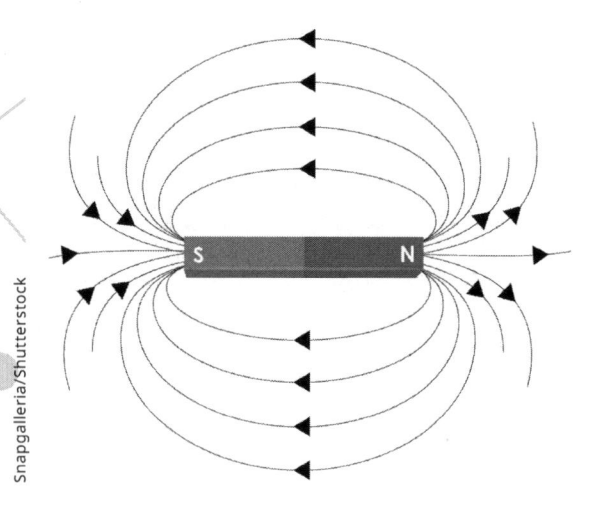

O campo magnético apresenta suas características vetoriais quando percebemos alguns resultados para as forças magnéticas ($\vec{F}_M$), que surgem em cargas elétricas em movimento e serão nosso primeiro objeto de estudo:

- A força magnética é proporcional à carga da partícula $|\vec{F}_M| \propto q$.
- Quando a carga elétrica penetra em uma região do espaço onde existe um campo magnético, ela desvia sua trajetória perpendicularmente. Logo, a força magnética é sempre perpendicular ao sentido de deslocamento da partícula: $\vec{F}_M \cdot \vec{v} = 0$.
- Se o deslocamento da partícula é paralelo a uma direção fixa, a força magnética é nula. Caso contrário, é proporcional à componente da velocidade ($\vec{v}$), que é perpendicular a essa direção fixa: $|\vec{F}_M| \propto v\,\text{sen}(\theta)$.

Assim, vamos relacionar essas três grandezas – força magnética, carga elétrica e velocidade – por meio da expressão:

$$\vec{F}_M = q(\vec{v} \times \vec{B}) \qquad (6.1)$$

Gerado por um dipolo magnético ou, como veremos posteriormente, por uma corrente elétrica, o campo magnético é uma região do espaço onde as forças magnéticas se manifestam.

Se, na mesma região do espaço, existe a ação de um campo elétrico $\vec{E}$, a expressão (6.1) será alterada, pois temos a adição da força elétrica $\vec{F}_e$. Logo, a força resultante $\vec{F}$ será dada por:

$$\vec{F} = \vec{F}_e + \vec{F}_M = q\,(\vec{E} + \vec{v} \times \vec{B}) \qquad (6.2)$$

A expressão 6.2 é conhecida como *força de Lorentz*. No sistema internacional de unidades, o campo magnético tem unidade de Tesla, a qual é dada por:

$$1T = 1\,\frac{Ns}{mC} = 1\,\frac{N}{mA} \quad (6.3)$$

Na expressão 6.3, **A** é a unidade de Ampère. No entanto, campos da ordem de teslas são muito intensos. Assim, outra unidade utilizada é a unidade no sistema CGS, que é o Gauss (G):

$$1G = 10^{-4}\,T \quad (6.4)$$

Analisando os dois vetores polares da expressão 6.1, é fácil observar que $\vec{B}$ deve ser um campo vetorial axial.

Exemplo

Uma carga q sofre um deslocamento $d\vec{l}$ dado por $d\vec{l} = \vec{v}dt$. Demonstre que a potência associada à força de Lorentz é dada por:
$$P = q\vec{E} \cdot \vec{v}$$

Resolução

Da mecânica, sabemos que potência é a razão entre trabalho (W) e tempo, assim:

$$P = \frac{W}{dt} = \frac{\vec{F} \cdot d\vec{l}}{dt} = \frac{\vec{F} \cdot \vec{v}dt}{dt} = \vec{F} \cdot \vec{v}$$

Usando a expressão 6.2, que fornece a força de Lorentz, temos:

$$P = q(\vec{E} + \vec{v} \times \vec{B}) \cdot \vec{v} = q\vec{E} \cdot \vec{v} + q(\vec{v} \times \vec{B}) \cdot \vec{v}$$

Como o produto escalar entre as velocidades é nulo, o segundo termo do lado esquerdo da equação desaparece, e chegamos à expressão procurada:

$$P = q\,\vec{E} \cdot \vec{v}$$

Ou seja, o campo magnético não realiza trabalho mecânico[i]. Esse resultado também é rico na discussão do que verificamos: Como um ímã pode mover outro? Esses temas serão estudados a seguir. Antes disso, precisamos saber como quantificar a intensidade do campo magnético em uma região do espaço.

6.3 Fluxo do campo magnético

Como o campo magnético apresenta muitas semelhanças com o campo elétrico, necessitamos, da mesma maneira, encontrar uma grandeza que informe sua intensidade, ou seja, a densidade de linhas de campo por unidade de área. Assim, o fluxo magnético é definido como:

$$\Phi = \int_S \vec{B}\,\hat{n}\,dS \quad (6.5)$$

Como não existem cargas magnéticas, analogamente à Lei de Gauss, temos:

$$\int_S \vec{B}\,\hat{n}\,dS = 0 \quad (6.6)$$

---
i Este será um tema interessante no momento em que discutirmos a energia potencial magnética.

Campo magnético

Isso quer dizer que, se construirmos uma superfície gaussiana ao redor do ímã, todas as linhas de campo que saírem da superfície voltarão a entrar nela. Com o teorema do divergente, é fácil notarmos que:

$$\vec{\nabla} \cdot \vec{B} = 0 \quad (6.7)$$

A unidade de fluxo magnético é o Weber (**wb**) e é dada por 1 Tesla multiplicado por metro ao quadrado. Portanto:

$$1wb = 1Tm^2$$

A equação (6.7) é um resultado muito importante na teoria eletromagnética, pois é a Lei de Gauss do magnetismo e uma das famosas equações de Maxwell, importantíssima na descrição do comportamento eletromagnético para a luz e outras formas de radiação.

Até o momento, percebemos algumas características sobre a natureza do campo magnético. Como o campo magnético atua em partículas carregadas eletricamente e tendo em vista a natureza do fluxo magnético, precisamos tratar do efeito coletivo do deslocamento de cargas elétricas em um condutor, ou seja, na corrente elétrica e como um campo magnético atua sobre um condutor percorrido por uma corrente.

6.4 Força magnética sobre uma corrente elétrica

Em um fio condutor metálico, os portadores de carga são os elétrons. A densidade de corrente elétrica pode ser dada por:

$$\vec{J} = -ne\langle\vec{v}\rangle \quad (6.8)$$

Na expressão 6.8, $\langle\vec{v}\rangle$ é a velocidade média dos elétrons associados à corrente.

É importante notarmos que essa expressão é válida para outros portadores de carga elétrica, como íons dentro de um meio eletrolítico.

Sob a ação de um campo magnético $\vec{B}$, a força média sobre cada elétron livre será a contribuição média da velocidade. Assim, a densidade de força por unidade de volume designada por **f** é:

$$\vec{f} = -ne\langle\vec{v}\rangle \times \vec{B} \Rightarrow \vec{f} = -\vec{J} \times \vec{B} \quad (6.9)$$

A força total exercida sobre os elétrons livres contidos no volume do condutor será:

$$d\vec{f} = id\vec{l} \times \vec{B} \quad (6.10)$$

Na expressão 6.10, a orientação da corrente foi alterada para o segmento $d\vec{l}$, a fim de que obtivéssemos duas grandezas macroscópicas mensuráveis: corrente elétrica e campo magnético.

Em outras palavras, se tomarmos um fio percorrido por uma corrente **i**, submetido em um comprimento **l** a um campo magnético **B**, este fio estará submetido ao módulo **F** de uma força, dado por:

$$F = iBl \quad (6.11)$$

Podemos observar que, nesse caso, para o corpo sofrer a ação de uma força, não há necessidade de que seja uma estrutura de ferro, basta que seja condutor. Esse resultado permite muitas conclusões sobre o magnetismo.

Pense em um circuito elétrico que tem vários segmentos de um dado condutor ligados em uma região do espaço. A força resultante sobre o circuito fechado **C** por onde passa a corrente é:

$$\vec{F} = i \oint_c d\vec{l} \times \vec{B} \quad (6.12)$$

Se o campo magnético é uniforme no espaço, temos:

$$\vec{F} = 0 \quad (6.13)$$

Esse resultado não implica torque nulo em um circuito elétrico fechado. Diferentemente da força gravitacional, a força magnética resultante de uma corrente elétrica gera torque por sua própria definição. Vejamos isso no exemplo a seguir.

Figura 6.5
Ilustração de um circuito percorrido por uma corrente elétrica **i** na presença de um campo magnético

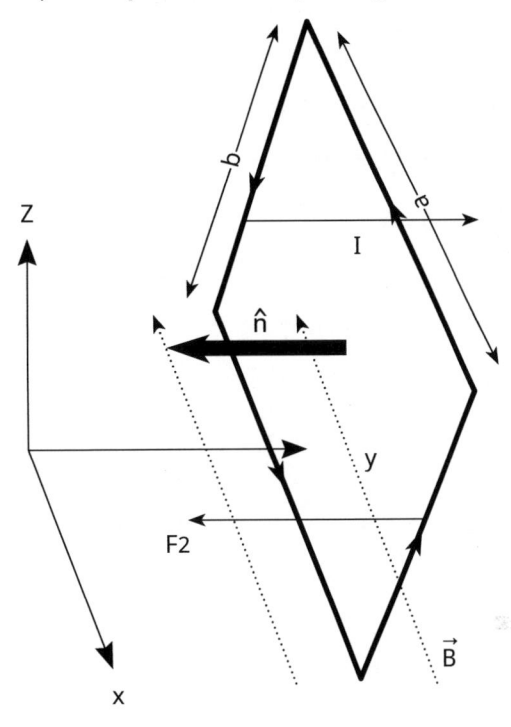

Fonte: Adaptado de Tipler; Mosca, 2013.

Exemplo

Calcule a força e o torque causado pela ação do campo magnético $\vec{B}$ sobre o circuito elétrico ilustrado na Figura 6.5.

Resolução

Na figura anterior, o campo magnético (setas pontilhadas) é paralelo aos lados de comprimento **a**. Nesse trecho, não há força magnética tanto no segmento inferior quanto no superior. No entanto, no segmento da esquerda e da direita, há forças em módulos iguais, mas com sentidos diferentes e separadas pela distância **a**, gerando um binário. Assim:

$$\vec{\tau} = \vec{r} \times \vec{F} = b\hat{z} \times F\hat{x} = bF\hat{y} = bBia\hat{y} = iBA\hat{y} = \vec{m} \times \vec{B} \quad (6.14)$$

Campo magnético

Na quarta igualdade da equação (6.14), o módulo da força é substituído pelo valor da força elétrica causada pela corrente percorrendo o segmento **a**. O produto entre **a** e **b** é a área do circuito que, a partir desse momento, denominaremos *espira*. Se pensarmos que a área pode ser orientada pelo sentido da corrente, temos:

$$\vec{m} = iab\hat{n} = iA\hat{n} \qquad (6.15)$$

O vetor $\vec{m}$ é denominado *momento de dipolo magnético da espira*. Assim, o torque causado pelo campo elétrico em uma espira percorrida por uma corrente elétrica é o produto vetorial entre o campo magnético e o momento de dipolo magnético da espira. Nesse ponto, temos várias analogias entre os fenômenos observados na eletricidade e, agora, no magnetismo. Um exemplo é que na equação 2.18 encontramos a relação entre torque, momento de dipolo elétrico e campo elétrico:

$$\vec{\tau} = \vec{p} \times \vec{E} \qquad (6.16)$$

Essa equação é análoga à 6.14. Como discutimos anteriormente, o campo (seja ele elétrico, seja magnético) gera um torque, respeitando suas particularidades. Nesse sentido, da mesma forma, o trabalho mecânico deve ser feito para mudar a orientação do dipolo magnético, que deve ter uma energia mecânica de caráter potencial (definido apenas pelas posições inicial e final) que dependa de sua orientação com relação ao campo magnético. Em função da analogia do produto escalar, podemos escrever essa energia **U(θ)**, que é uma função apenas do ângulo que o campo faz com o momento de dipolo. Observemos[ii]:

$$U(\theta) = -\vec{m} \cdot \vec{B} \qquad (6.17)$$

Analisando a expressão 6.17, entendemos que um dipolo magnético apresenta mais baixa energia quando está alinhado ao campo magnético e maior energia quando está antiparalelo ao campo magnético. A diferença de potencial entre as duas situações é o trabalho realizado para inverter de posição um dipolo magnético. É fácil ver que $\Delta U = -2|\vec{m}| \cdot |\vec{B}|$, em que ΔU é a variação de energia.

Com essas conclusões, podemos responder à questão: Por que os ímãs se atraem, já que o campo magnético não realiza trabalho mecânico em uma partícula elétrica? A razão está no fato de que os ímãs são formados por pequenos dipolos magnéticos, como suspeitávamos no início de nossa análise.

Nesse exemplo, usamos uma espira (um fio que faz um circuito fechado e é percorrido por uma corrente elétrica) para mostrar a ação de um campo magnético ao causar uma rotação mecânica. No entanto, qualquer ímã na

---
ii É importante lembrar que somos capazes de demonstrar matematicamente a expressão 6.17 e que, ao final do capítulo, encontraremos isso em exercício (dica: integre o torque no deslocamento angular).

presença de outro campo magnético se comporta dessa forma. Isso nos auxilia a entender o comportamento da bússola e nos faz perguntar: Os fenômenos magnéticos não estariam relacionados com os elétricos de uma forma mais intrínseca do que nosso dia a dia nos permite imaginar? A resposta para esse questionamento está nas leis do eletromagnetismo, que discutiremos em outros capítulos.

6.5 Experimento

Vamos montar um pequeno aparato para conferir o efeito da corrente elétrica sobre um fio.

Materiais

- 1 ímã de neodímio
- 15 cm de fio de cobre de 1,0 mm de diâmetro desencapado
- 2 placas de cobre finas
- 1 fonte de corrente variável
- 1 par de cabos do tipo "jacaré"
- 3 placas de isopor

Montagem

Com as placas de isopor, monte uma estrutura em forma de U. Apoie as placas de cobre e deixe o fio de cobre pendurado, como indica a figura a seguir, e fixe o ímã na parte inferior da estrutura.

Figura 6.6
Estrutura para verificar a força magnética em um fio

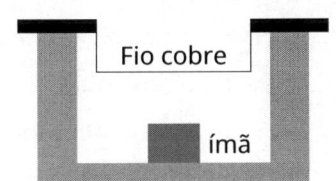

Procedimentos

1. Verifique se há movimento do fio pela ação do ímã.
2. Aplique lentamente uma corrente no fio, variando em 100 mA. Verifique o que ocorre.
3. Após chegar a 1 A, retire a corrente elétrica e inverta a aplicação da corrente.
4. Repita os dois primeiros passos.

   Procure responder:
   - Qual é a razão da deflexão do fio?
   - Qual é a ordem de grandeza da força que atua no fio?
   - A espessura do fio pode alterar o resultado desse experimento?

Síntese

Vimos neste capítulo que os primeiros estudos sobre os fenômenos magnéticos são bem antigos e eram voltados à observação das forças de atração entre uma substância conhecida como *magnetita* e partículas de ferro.

Campo magnético

A principal propriedade magnética, quando comparada à elétrica, é que os ímãs não podem ter seus polos separados.

Também estudamos que o campo magnético é definido com base nas interações que estruturas magnéticas causam no espaço. A unidade de campo magnético no sistema internacional é o Tesla. A força de Lorentz relaciona as forças elétricas e magnéticas que atuam em uma partícula em movimento.

A força magnética que atua sobre um condutor qualquer ao ser submetido a uma corrente elétrica é dada por: $\vec{F} = i \oint d\vec{l} \times \vec{B}$.

O momento de dipolo magnético, $\vec{m}$, de uma espira de área percorrida por uma corrente elétrica i é dado por: $\vec{m} = iA\hat{n}$.

Com base na representação da corrente elétrica com o momento de dipolo magnético, podemos nos questionar sobre a existência de uma relação mais intrínseca entre os fenômenos elétricos e magnéticos.

Atividades de autoavaliação

1. Um ímã é uma estrutura da natureza que apresenta as seguintes características:
    a) Atrai objetos com ferro e outros ímãs.
    b) Atrai objetos com ferro e outros ímãs com uma regra: polos iguais se atraem e opostos se repelem.
    c) Atrai objetos com ferro e outros ímãs com uma regra: polos diferentes se atraem e iguais se repelem.
    d) Atrai quaisquer objetos e outros ímãs com uma regra: polos iguais se atraem.

2. O campo magnético pode ser entendido como:
    a) uma abstração teórica feita para representar no espaço as linhas de força que se formam por meio da atração magnética.
    b) um artefato prático feito para representar no espaço as linhas de força que se formam em um ímã.
    c) uma abstração teórica feita para representar no espaço as linhas de força que se formam em um ímã.
    d) uma realidade sensitiva que percebemos ao nos aproximarmos de um ímã.

3. A força elétrica é um fenômeno que é percebido:
    a) apenas em circuitos elétricos submetidos a campos magnéticos.
    b) apenas em circuitos elétricos submetidos a campos elétricos.
    c) em circuitos elétricos submetidos a campos elétricos e entre ímãs.
    d) em circuitos elétricos submetidos a campos magnéticos e entre ímãs.

4. Para medida de componentes verticais de campos magnéticos, um dispositivo simples de ser construído é um gaussímetro, que consiste em um pêndulo rígido suspenso em um pivô sobre uma cuba com mercúrio. O pêndulo é percorrido por uma corrente elétrica. Levando-se em conta os conceitos que você estudou neste capítulo, a medida da componente do campo magnético é obtida por meio de:

a) observação da queda de tensão elétrica entre o pivô e a extremidade do pêndulo.

b) conhecimento das dimensões do pêndulo e do ângulo formado entre o pêndulo e a linha vertical.

c) conhecimento das dimensões do pêndulo, da corrente que percorre o pêndulo e do ângulo formado entre o pêndulo e a linha vertical.

d) conhecimento da resistência elétrica do pêndulo, da corrente que percorre o pêndulo e do ângulo formado entre o pêndulo e a linha vertical.

5. Em um circuito fechado percorrido por uma corrente elétrica e submetido a um campo magnético, podemos dizer que a situação estática do circuito é a seguinte:

a) Há completo equilíbrio estático, pois as forças geradas pelas interações magnéticas se anulam.

b) Há completo equilíbrio estático, pois as forças geradas pelas interações elétricas e magnéticas se anulam.

c) Não há completo equilíbrio estático, pois as forças geradas pelas interações magnéticas se anulam, mas os torques não.

d) Não há completo equilíbrio estático, pois as forças geradas pelas interações elétricas se anulam, mas os torques não.

Atividades de aprendizagem

Questão para reflexão

Procure ler e emitir uma opinião sobre o seguinte tema: o fenômeno do magnetismo é estático ou dinâmico?

Atividades aplicadas: práticas

1. Pesquise na internet a principal forma de produção de ímãs artificiais e procure comparar com a teoria desenvolvida neste capítulo.

2. Visite novamente a página da Universidade do Colorado e faça uma pesquisa sobre ilustrações do campo magnético e como a geometria do ímã influencia na intensidade do campo magnético.

Exercícios[iii]

1. Um próton move-se verticalmente para cima com energia cinética de 5 MeV e entra num campo magnético horizontal (sentido da esquerda para direita) de intensidade de $15 \cdot 10^3$ G. Qual é a força magnética sofrida pelo próton? Dados: 1 eV é a energia adquirida por 1 elétron submetido a uma tensão de 1 Volt = 1 J/C.

---

iii Para responder às questões, utilize $1{,}67 \cdot 10^{-27}$ kg para a massa do próton e $1{,}6 \cdot 10^{-19}$ C para a carga do elétron.

Campo magnético

2. Após entrar num campo magnético constante de 100 G, uma partícula α (um núcleo de hélio com 2 prótons e 2 nêutrons) atinge um anteparo a 60 cm do orifício por onde entrou. Veja a figura a seguir e responda:

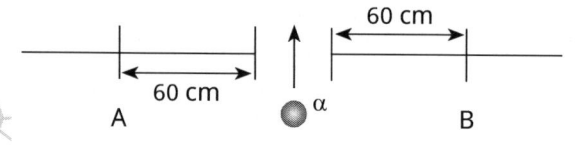

   a) A partícula atinge o anteparo próximo a A ou a B?
   b) Mostre que a velocidade angular ω é qB/m.
   c) Qual é a energia da partícula?

3. Determine os sentidos de $\vec{B}$, i e $\vec{F}_M$ nos casos ilustrados a seguir:

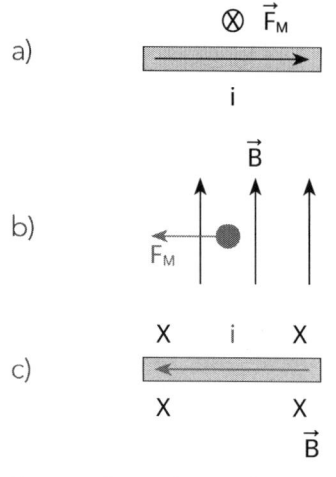

   a)
   b)
   c)

4. Um condutor de 2 m de comprimento é percorrido por corrente elétrica de 5 A imerso em campo magnético de 2 G.
   a) Determine a força magnética sobre ele.
   b) Qual deveria ser a intensidade e sentido do campo magnético (com B perpendicular à corrente) para manter esse condutor de 0,8 g de massa em equilíbrio estático (somatória das forças nula)?

5. Determine a intensidade e o sentido da corrente (verifique se o sentido da corrente na figura está correto) em um condutor de 60 cm para que a tensão mecânica no suporte desse condutor seja nula quando submetido a um campo magnético de $8,3 \cdot 10^{-2}$ T.

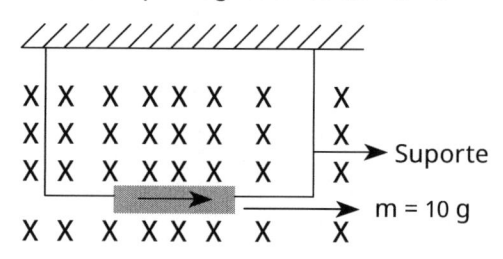

6. A figura a seguir apresenta um condutor percorrido por uma corrente i e imerso num campo magnético uniforme de módulo B. Mostre que a força no condutor é dada por:
   $F_M = 2BI(L + R)$

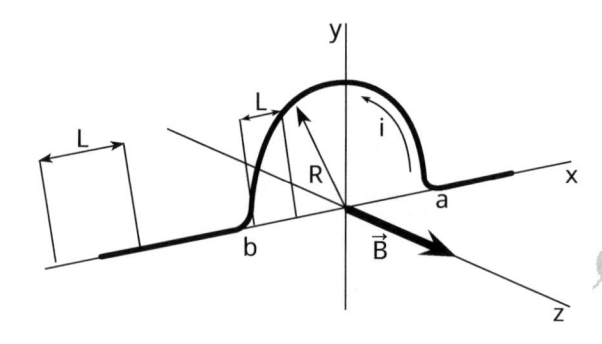

7. Um fio reto apresenta densidade linear de 8 g/cm e uma corrente de 1 A o percorre. Qual deve ser a intensidade de um campo magnético para que esse fio "flutue" sobre uma superfície?

8. Qual é a principal diferença entre força magnética e força elétrica?

9. Usando a equação 6.11, discuta se há incongruências dimensionais para a unidade de campo magnético dada pela equação 6.2. Perceba que uma equação relaciona velocidades e a outra, correntes elétricas.

10. Imagine uma placa percorrida por uma corrente elétrica que gera uma densidade de corrente $\vec{J}$ e está submetida a um campo magnético $\vec{B}$ perpendicular à superfície, como indica a figura a seguir.

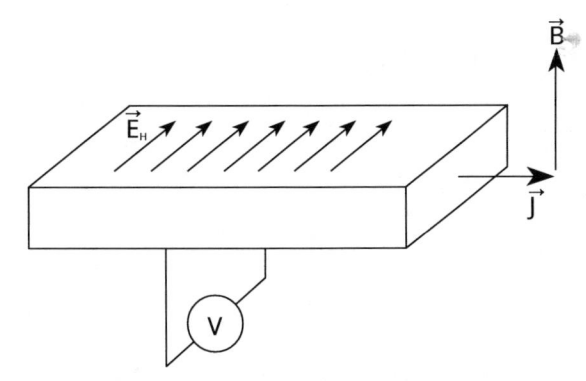

a) Demonstre que há uma diferença de potencial, ΔV, dada por $\Delta V = d \cdot (\vec{v} \times \vec{B})$, denominada *diferença de potencial de Hall* entre as laterais do condutor medida no voltímetro V.

b) Discuta se ocorre uma diferença de resistência elétrica nesse condutor.

7.
Lei de Ampère

Lei de Ampère

Terminamos o capítulo anterior explicando que, a despeito de o campo magnético não realizar trabalho, experimentalmente verificamos que um ímã movimenta outro que está sob a ação de seu campo magnético. Para explicarmos essa questão, utilizamos a ideia de que o ímã apresenta uma propriedade denominada *dipolo magnético*, análoga ao dipolo elétrico, por isso tende a minimizar a sua energia, alinhando-se ao campo magnético.

No entanto, construímos a ideia de dipolo magnético em um circuito fechado, que denominamos *espira*, percorrido por uma corrente. Chegamos a uma resposta para uma interação puramente magnética por meio de um instrumento elétrico.

Nos primórdios dos estudos sobre eletricidade e magnetismo, havia um esforço para se encontrar correspondência entre esses fenômenos. Como mencionamos anteriormente, sabemos que existem cargas elétricas que obedecem a uma lei bem definida para explicar o seu comportamento, que é a Lei de Coulomb:

$$\vec{F}_e = \frac{1}{4\pi\varepsilon_0} \frac{Q_1 Q_2}{r^2} \hat{r} \qquad (7.1)$$

No magnetismo, não existem monopólios magnéticos, mas há candidatos a entidades que definem o comportamento magnético, que são os *dipolos magnéticos*. Podemos pensar em uma lei no seguinte formato:

$$\vec{F}_m = K_m \frac{m_1 m_2}{r^2} \hat{r} \qquad (7.2)$$

Nessa nova lei, as grandezas m_1 e m_2 são os momentos de dipolos magnéticos que estão interagindo entre si. Como vimos na equação 6.14, esses momentos de dipolos estão associados a uma corrente. Assim, uma analogia que podemos fazer é associar correntes constantes no tempo com cargas elétricas.

Em nossos estudos sobre eletricidade, chamamos de *eletrostática* o estudo sobre as forças elétricas geradas por uma configuração de cargas elétricas estáticas, pois estas geram um campo elétrico constante. Da mesma forma, o estudo sobre as interações entre correntes elétricas constantes e seus efeitos nos campos magnéticos gerados é chamado por alguns autores de *magnetostática*, termo que pode causar alguma estranheza, pois até aqui não indicamos qualquer evidência de que uma corrente elétrica gere um campo elétrico. Mas graças aos trabalhos de Hans Christian Oersted (1777-1851) foi percebido que uma corrente elétrica, ao passar por um fio, gera algo semelhante a um campo magnético. Não nos deteremos muito nessa abordagem histórica – da unificação das ideias entre eletricidade e magnetismo –, já que vários bons livros já fazem esse trabalho.

Ficaremos, sim, atentos na próxima seção a um experimento para verificarmos a relação da corrente elétrica com o campo magnético. Apresentaremos uma lei que sintetiza nossas suposições colocadas na equação 7.2, a famosa Lei de Biot-Savart, que dará nome à próxima seção.

7.1 Lei de Biot-Savart

Vamos iniciar esta seção com uma introdução experimental sobre os fenômenos magnéticos associados a correntes elétricas.

Material

- 1 fonte elétrica
- 1 detector de campo magnético
- 1 fio de cobre não esmaltado de 1,5 mm
- 3 Placas de isopor
- 2 Placas de cobre
- 2 conectores do tipo "jacaré"

Procedimentos

Monte um suporte para o fio usando o isopor e as placas de cobre, como ilustra a Figura 7.1. Caso você não saiba o que é um detector de campo magnético, uma bússola pode ser um ótimo exemplo. A Figura 7.2 apresenta um detector mais comercial, mas é possível encontrar semelhantes.

Figura 7.1
Representação de um aparato para detecção de campo magnético

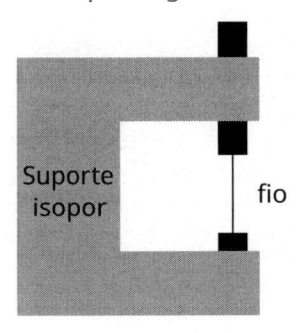

Figura 7.2
Detector de campo magnético

Siga as seguintes etapas:

- Com os conectores "jacaré", conecte a fonte nas placas ligadas ao fio.
- Com todo o aparato desligado, passe o detector ao redor do fio fazendo círculos.
- Aplique uma corrente de 100 mA.
- Passe novamente o detector ao redor do fio, como no segundo passo.
- Desconecte os conectores.
- Aumente a corrente e conecte novamente os conectores.
- Repita o segundo passo.

Depois, procure responder às seguintes questões:

1. No sentido vertical, é possível perceber alteração no detector?
2. Com o aumento da corrente, o que ocorre com o detector?
3. Quando você afasta o detector, quais são os resultados?

Esse experimento não é uma tarefa muito simples de ser executada do ponto de vista

Lei de Ampère

prático. As mãos precisam estar bem firmes ao manusear o detector.

Após realizar esse experimento, talvez algumas afirmações que apresentaremos a seguir fiquem mais simples de serem compreendidas para entendermos a Lei de Biot-Savart:

- É importante notarmos que o campo magnético não se altera na vertical, mas diminui quando nos afastamos do fio. Logo $\vec{B} \propto r$, sendo r a distância do ponto que medimos o campo ao fio, medida de forma perpendicular.
- Quanto maior a intensidade da corrente, mais perturbado é o detector.

Não é possível fazer um experimento quantitativo indicando qual a intensidade em Tesla (ou Gauss) do campo magnético, mas podemos detectar o comportamento geral do campo magnético.

Dentro do fio, ao ser percorrido por uma corrente **i**, uma quantidade de carga elétrica **dq** e desloca por unidade de tempo **dt** ao longo dele, como ilustra a Figura 7.3.

Figura 7.3
Representação do deslocamento de um infinitésimo de carga dentro de um fio

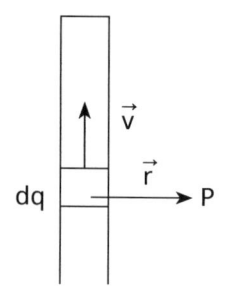

- O módulo do campo magnético deve ser proporcional à razão qv/r^2.
- O vetor campo magnético é perpendicular à velocidade.
- O vetor campo magnético é perpendicular ao vetor posição $\vec{r}$.

Com isso, podemos afirmar que um infinitésimo do campo magnético $d\vec{B}$, produzido pelo deslocamento do infinitésimo de carga dq, obedece à seguinte relação:

$$d\vec{B} \propto dq \, \frac{\vec{v} \times \hat{r}}{r^2} \qquad (7.3)$$

Vamos manipular um pouco a equação, primeiramente observando que a velocidade está relacionada a um deslocamento orientado $d\vec{l}$ no decorrer do fio. Então:

$$d\vec{B} \propto dq \, \frac{d\vec{l} \times \hat{r}}{dt \, r^2} \propto \frac{dq}{dt} \, \frac{d\vec{l} \times \hat{r}}{r^2}$$

Mas a razão entre a carga e o intervalo de tempo é uma grandeza macroscópica conhecida, a corrente elétrica **i**. A proporcionalidade da expressão pode ser substituída por uma constante que chamaremos de K_m. Assim, temos:

$$d\vec{B} = k_m \, \frac{i \, d\vec{l} \times \hat{r}}{r^2} \Rightarrow \vec{B} = \frac{\mu_0}{4\pi} \int \frac{i \, d\vec{l} \times \hat{r}}{r^2} \qquad (7.4)$$

A última forma da expressão 7.4 é conhecida como *Lei de Biot-Savart*. A constante de proporcionalidade K_m adquire a forma $\frac{\mu_0}{4\pi}$ para atender às condições do sistema internacional de unidades e μ_0 é denominada *permeabilidade magnética no vácuo*, com função análoga da permissividade elétrica do meio em eletrostática. O valor da constante é $\mu_0 = 4\pi \cdot 10^{-7} \, N \cdot A^2$.

Antes de continuarmos, é interessante observar o sistema de coordenadas mais apropriado para a visualização dos vetores no magnetismo, que é o sistema de coordenadas cilíndricas, para entendermos os versores correspondentes. Vejamos a Figura 7.4.

Figura 7.4
Representação do sistema de coordenadas cilíndricas

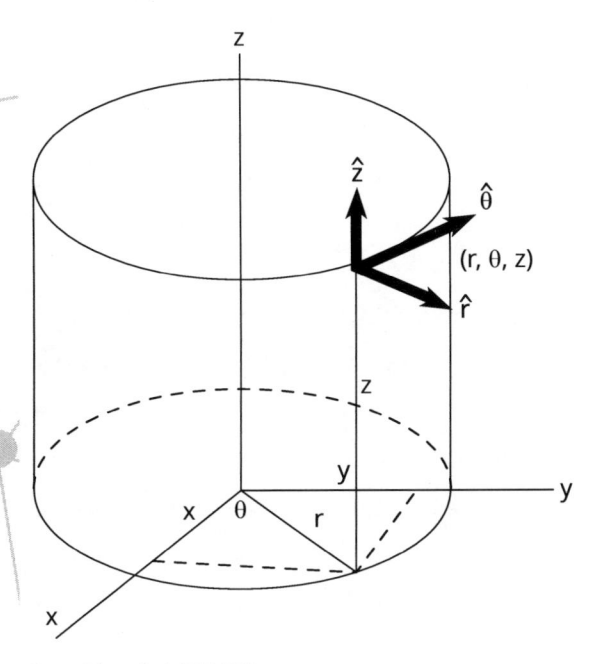

Fonte: Adaptado de IGM, 2010.

Agora necessitamos aplicar os nossos conhecimentos adquiridos.

Exemplo
Encontre o campo magnético gerado por uma corrente num fio retilíneo infinito.

Resolução
Este é um clássico exemplo do uso da Lei de Biot-Savart. A aproximação de um fio retilíneo infinito não é de todo absurda, pois as definições de infinito dependem da escala trabalhada (para uma célula nervosa, a coluna vertebral de um humano adulto pode parecer infinita). A Figura 7.5 nos ajuda a entender como calcularemos no ponto **P** o valor do campo magnético.

Figura 7.5
Representação de um fio retilíneo para o cálculo do campo magnético em um ponto **P**

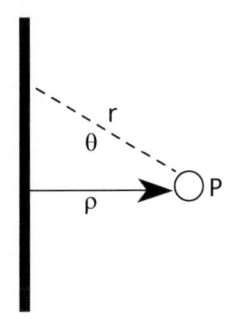

O vetor **r** faz um ângulo θ com o fio, e o produto vetorial $\vec{dl} \cdot \hat{r}$ presente na Lei de Biot-Savart terá a forma $\vec{dl} \cdot \hat{r} = dl\,\text{sen}(\theta)$, já que estamos falando do versor posição. No entanto, como o fio é infinito, uma integração de $-\infty$ a $+\infty$ não será uma tarefa simples, mas a distância perpendicular que liga o ponto **P** ao fio, ρ, pode permitir uma mudança de variável muito útil.

$$\text{sen}(\theta) = \frac{\rho}{r} \Rightarrow \frac{1}{r} = \frac{\text{sen}(\theta)}{\rho}$$

Lei de Ampère

Podemos observar que a distância ρ é uma constante para cada configuração, mas o vetor posição $\vec{r}$ e o ângulo θ são variáveis. A distância l que liga o ponto perpendicular a P no fio à origem do vetor $\vec{r}$ é dada pela seguinte expressão em termos de ρ e θ:

$$\tan(\theta) = \frac{\rho}{l} \Rightarrow dl = -\rho \frac{d\theta}{\text{sen}(\theta)^2}$$

O lado superior do fio é simétrico ao inferior, por isso podemos fazer um única integração na variável θ no intervalo de 0 a $\frac{\pi}{2}$ e multiplicar o resultado por 2. Finalmente, teremos:

$$\vec{B} = \frac{\mu_0}{4\pi} \int \frac{i\, d\vec{l} \times \hat{r}}{r^2} = \frac{\mu_0 i}{4\mu} 2 \int_0^{\frac{\pi}{2}} \frac{dl\, \text{sen}(\theta)}{r^2} \hat{\theta}$$

Agora substituindo com a nova variável os termos dl e $1/r^2$, temos a expressão:

$$\vec{B} = \frac{\mu_0 i}{2\pi} \int_0^{\frac{\pi}{2}} \frac{-\rho\, \text{sen}(\theta)\, d\theta}{\text{sen}(\theta)^2} \frac{\text{sen}(\theta)^2}{\rho^2} \hat{\theta} = \frac{\mu_0 i}{2\pi} \int_0^{\frac{\pi}{2}} \frac{\text{sen}(\theta)\, d\theta}{\rho} \hat{\theta} = -\frac{\mu_0 i}{2\pi} \left[\frac{-\cos(\theta)}{\rho} \right]_0^{\frac{\pi}{2}} \hat{\theta}$$

E finalmente:

$$\vec{B} = \frac{\mu_0 i}{2\pi\rho} \hat{\theta}$$

Ou seja, no caso do fio infinito, o campo magnético cai linearmente com a distância perpendicular ao fio. O leitor mais atento pode se perguntar de onde surgiu o versor $\hat{\theta}$. A resposta está no produto vetorial entre o vetor comprimento do fio ($\vec{dl}$) e o versor posição do ponto P ($\hat{r}$). Aqui, é mais difícil entender que o campo magnético surge ao redor do fio e obedece a uma regra famosa, a regra da mão direita. A Figura 7.6 a seguir mostra a orientação do campo magnético e como essa regra pode ser aplicada. O polegar indica o sentido da corrente, e os outros dedos da mão, o sentido do campo magnético.

Figura 7.6
Representação do campo magnético ao redor de um fio orientado segundo a regra da mão direita

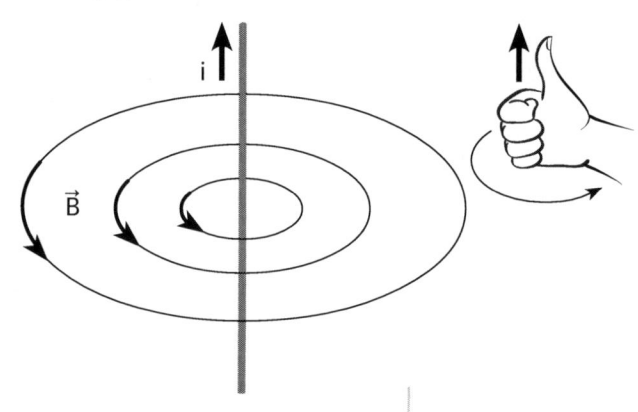

Agora podemos nos atentar para o fato de que, assim como a Lei de Coulomb, a Lei de Biot-Savart apresenta um grande trabalho matemático para o cálculo do campo magnético. Hoje, com os computadores, podemos calcular o campo magnético por meio dos processos de integração, independentemente da geometria do fio. No entanto, no século XVII, esse trabalho era muito mais complexo.

Para procurar resolver esse problema e entender melhor as relações de simetria da natureza, André-Marie Ampère (1775-1836) pesquisou boa parte de sua vida e entregou um trabalho fenomenal, que discutiremos a seguir.

7.2 Trabalho de Ampère

Após Oersted apresentar seus resultados, a comunidade científica procurou apresentar uma explicação mais ampla e de acordo com uma teoria mais coerente. Após uma semana, o jovem físico Ampère apresentou uma sequência de experiências e ampliou a explicação dos fenômenos magnéticos (Nussenzveig, 2003).

A seguir, apresentamos um breve resumo das ideias que nos levam a compreender a lei de Ampère e sua importância. Obviamente, esse esquema não foi o que o cientista publicou em sua época, mas o utilizaremos aqui como recurso de aprendizagem.

Muitas vezes, a forma com que um pesquisador elaborou determinado conceito físico não é algo tão acessível a um leigo da área. Existem estudos que procuram facilitar esse conhecimento absolutamente técnico, tornando-o mais acessível. Um dos estudos mais conhecidos é a proposição da chamada *transposição didática*, feita por Chevallard (1991).

No entanto, criamos nossa maneira de pensar e entender a Lei de Ampère; é uma estrutura mental muito particular e existem vários estudos sobre esse processo, inclusive citando as dificuldades de compreensão da própria Lei de Ampère (Moreira; Oliveira, 2003).

Com o resultado obtido com a Lei de Biot-Savart, percebemos que o campo magnético se comporta como uma estrutura que gira ao redor de um fio. Devemos, assim, procurar uma grandeza que possa fazer uma medida dessas duas entidades: corrente e campo magnético.

Considerando o campo magnético do fio infinito que calculamos anteriormente, vamos calcular a integração do campo em um círculo ao redor do fio. Veja a Figura 7.7 para ilustrar o procedimento.

Lei de Ampère

Figura 7.7
Representação do campo magnético ao redor de um fio infinito

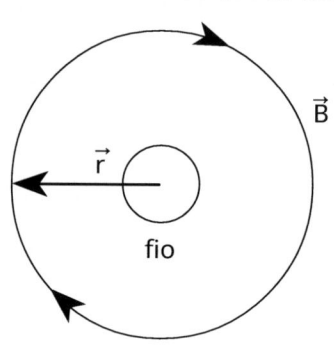

Matematicamente:

$$\oint \vec{B} \cdot d\vec{l} = |\vec{B}| \oint dl = \frac{\mu_0 i}{2\pi r} 2\pi r = \mu_0 i \tag{7.5}$$

No segundo passo da expressão 7.5, o campo magnético é constante em todo o circuito e, portanto, pode sair da integral. Esse resultado é interessante, pois o último termo do lado direito da expressão 7.5 é uma grandeza macroscópica. O lado direito pode ser calculado, mas vejamos outra forma diferente. Vamos pensar em uma figura na forma ⌒, que nada mais é que uma simplificação do círculo, mas com a particularidade de não ter o fio envolto, como podemos observar na Figura 7.8, resultando na equação 7.6.

Figura 7.8
O segundo circuito

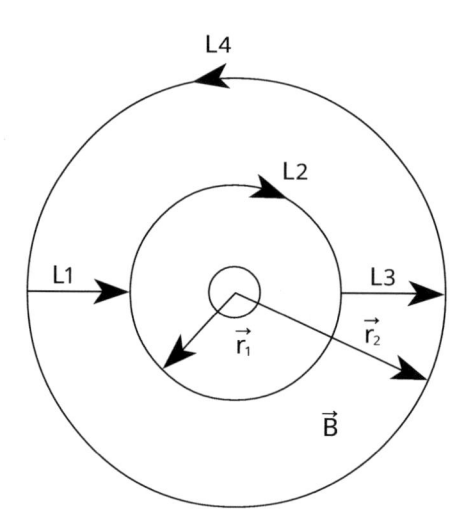

$$\oint \vec{B} \cdot d\vec{l} = \int_{L1} \vec{B} \cdot d\vec{l} + \int_{L2} \vec{B} \cdot d\vec{l} + \int_{L3} \vec{B} \cdot d\vec{l} + \int_{L4} \vec{B} \cdot d\vec{l} \tag{7.6}$$

Como os vetores campo magnético e deslocamento são paralelos nos segmentos L1 e L3, o resultado da integração é nulo.

$$\int \vec{B} \cdot \vec{dl} = \frac{\mu_0 i}{2\pi r_1} \pi r_1 + \frac{\mu_0 i}{2\pi r_2} \pi r_2 = \pi r_2 = \mu_0 i \quad (7.7)$$

Isso quer dizer que temos resultado igual mesmo com uma trajetória diferente. Sem mais exemplos, podemos afirmar que, para qualquer circuito que englobe o fio, temos:

$$\oint \vec{B} \cdot \vec{dl} = \mu_0 i \quad (7.8)$$

O que vemos é o resultado conclusivo da Lei de Ampère. Este é muito semelhante ao encontrado na Lei de Gauss da eletrostática, em que necessitamos de uma superfície que envolva a carga elétrica para calcular o campo elétrico. Na Lei de Ampère, é preciso que um circuito envolva o fio por onde passa corrente elétrica.

Um leitor atento, com razão, argumentará que utilizamos um caso particular em que já conhecíamos o campo magnético. Sendo assim, a Lei de Ampère é válida para qualquer situação? A resposta é sim, mas a generalização envolve muitos passos que, neste momento, não são significativos para o nosso objetivo primordial, que é o de apresentar uma lei simples, muito útil para o cálculo do campo magnético. Façamos algumas aplicações.

7.3 Aplicações da Lei de Ampère

A seguir, demostramos alguns casos aos quais podemos aplicar a Lei de Ampère.

Exemplo

Usando a Lei de Ampère, calcule o campo magnético de um solenoide, uma estrutura de fio enrolado (Figura 7.9), submetido a uma corrente i.

Figura 7.9
Representação didática de um solenoide

Fonte: Cortesia do Instituto Federal de Educação, Ciência e Tecnologia de São Paulo, Campus Itapetininga.

Lei de Ampère

Resolução

Uma forma de resolver é fazer um circuito sobre o solenoide de forma a preencher os segmentos dos fios por onde passa a corrente. A Figura 7.10 ilustra esse procedimento em um solenoide densamente enrolado. Nessa situação, temos o circuito na forma de retângulo de lados **a** e **b**, com vértice no ponto **C**. O solenoide é circular e tem seção reta de raio **R**.

Figura 7.10
Representação da corrente em um segmento de solenoide densamente enrolado

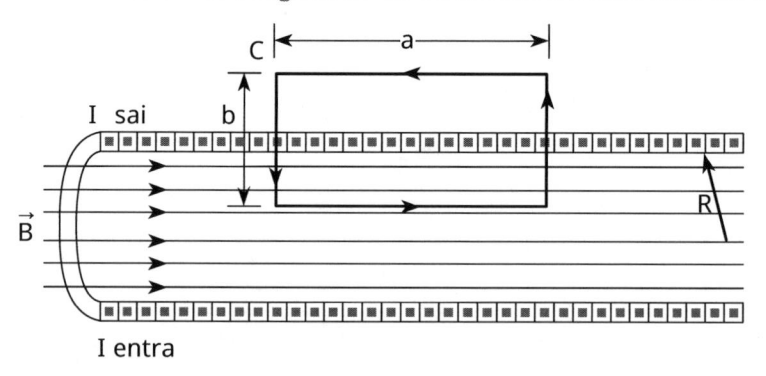

Fonte: Adaptado de Tipler; Mosca, 2013, p. 255.

Se aplicarmos o circuito de tal forma que o lado **b** seja maior do que o diâmetro **2R**, a corrente total contida nele será nula, pois a corrente que sai na parte superior é igual e contrária à que entra na parte inferior. Logo, a conclusão a que chegamos é que o campo magnético fora do solenoide será nulo.

O circuito ilustrado na Figura 7.10 apresenta particularidades, e o dividiremos em partes para aplicarmos a Lei de Ampère. Vejamos matematicamente:

$$\oint \vec{B} \cdot \vec{dl} = \mu_0 \, i_T = 2 \int_0^a \vec{B} \cdot \vec{dl} + 2 \int_0^b \vec{B} \cdot \vec{dl}$$

Nessa expressão, o número **2** surge porque as contribuições de um lado são idênticas às do outro. Assim, o último termo é nulo pelo fato de o campo magnético ser perpendicular ao segmento $\vec{dl}$. O primeiro termo corresponde às influências do campo magnético tanto dentro do solenoide (que possui valor constante) quanto fora dele (que possui valor nulo). Agora, necessitamos pensar na intensidade da corrente elétrica total i_T. Nessa situação, cada seção de fio que está envolta pelo circuito terá uma contribuição **i** no cálculo do campo magnético. Se o circuito de comprimento **a** contém **N** fios, temos:

$$\oint \vec{B} \cdot d\vec{l} = \mu_0 Ni \Rightarrow |\vec{B}|\oint_0^a d\vec{l} = |\vec{B}|a = \mu_0 Ni$$

Se considerarmos o solenoide na horizontal, em um sistema de coordenadas cartesiano, temos que definir uma densidade de fios por unidade de comprimento **n**, ou seja, $n = \dfrac{N}{a}$, resultando na seguinte expressão para o campo magnético gerado pelo solenoide:

$$\vec{B} = \mu_0 \, ni$$

Exemplo

Calcule, usando a Lei de Ampère, o campo magnético gerado por um solenoide envolto em forma circular, que é denominado *toroide* (Figura 7.11), submetido a uma corrente i.

Figura 7.11
Representação de um toroide

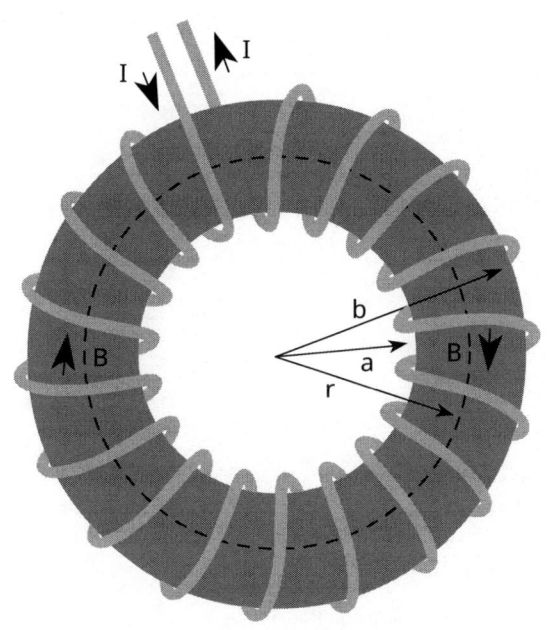

Adaptado de: Clube do Hardware, 2013.

Lei de Ampère

Resolução

Nessa situação, o toroide tem raio interno **a** e externo **b**. Vamos descrever o campo magnético em termos do módulo do vetor posição, **r**, e assumir que o toroide está envolto por **N** espiras. Vamos usar um círculo de raio **r** como o circuito amperiano para nosso cálculo.

É fácil vermos que, para r < a o campo magnético é nulo, pois a corrente elétrica total é nula. Para a < r < b, temos que a corrente interna será **NI** e o campo magnético é constante em todo o decorrer do circuito no sentido do versor $\hat{\theta}$. Temos a seguinte expressão para a Lei de Ampère:

$$\oint \vec{B} \cdot d\vec{l} = \mu_0 NI \Rightarrow |\vec{B}| \, 2\pi r = \mu_0 NI \Rightarrow \vec{B} = \frac{\mu_0 NI}{2\pi r} \hat{\theta}$$

Para r > b, temos novamente a corrente total nula e, automaticamente, o campo magnético nulo.

As aplicações da Lei de Ampère apresentadas indicam inúmeras aplicações tecnológicas, entre as quais destacamos: a geração de campos magnéticos intensos utilizados em procedimentos médicos, como a ressonância magnética – procedimento cujo princípio físico não explicaremos nesse momento, mas discutiremos nos próximos capítulos.

7.3.1 Mapas conceituais

Como percebemos, a Lei de Ampère se assemelha à Lei de Gauss, mas apresenta particularidades. Para tentar ilustrar mentalmente o papel de cada formulação dentro da teoria geral, utilizamos uma estratégia de estudos denominada *mapa conceitual*. A teoria por trás dessa ferramenta é baseada na ideia de que todo o conhecimento que temos se fundamenta em uma estrutura cognitiva preexistente (Ausubel, 1968), e o processo de posicionar esse conhecimento dentro dessa estrutura é chamado de *aprendizagem*. Quando esse novo conhecimento se organiza de tal forma que é útil na resolução de algum desafio na teoria, a aprendizagem torna-se significativa. Para cada indivíduo, esse processo é diferenciado.

Mapa conceitual é o processo de organizar de forma visual esse conhecimento, conectando cada conceito por meio de linhas, que apresentam uma proposição sintética do papel desse conceito (Brown, 2002). A organização desses conceitos sem as proposições nos conectores é denominada *mapa mental*. Todas essas definições podem ter diferentes formas, dependendo da filosofia de aprendizagem adotada.

Podemos, assim, sintetizar que a Lei de Gauss descreve o campo elétrico com base nas linhas de campo orientadas em fontes denominadas *cargas elétricas* (que podem ser representadas através de uma densidade de carga volumétrica ρ) e fornece a seguinte expressão matemática:

$$\vec{\nabla} \cdot \vec{E} = \frac{\rho}{\varepsilon_0}$$

A distribuição das linhas de campo e sua dependência com a posição no espaço (cai com o quadrado da distância entre as cargas elétricas interagentes) também são descritas pela Lei de Coulomb, o que fornece uma informação importante com relação a outro operador matemático, o rotacional, que indica a rotação realizada ao redor da fonte[i], dada por:

$$\vec{\nabla} \times \vec{E} = 0$$

Para o caso do campo magnético, não existem cargas que geram as linhas de campo. Logo, temos a Lei de Gauss expressa por:

$$\vec{\nabla} \cdot \vec{B} = 0$$

A Lei de Biot-Savart descreve o campo magnético gerado por uma corrente elétrica que percorre um fio condutor em qualquer posição do espaço, na forma:

$$\vec{B} = \frac{\mu_0}{4\pi} \int \frac{i\, d\vec{l} \times \hat{r}}{r^2}$$

Outro modo de se obter o campo magnético é por meio da Lei de Ampère, em que:

$$\oint \vec{B} \cdot d\vec{l} = \mu_0 i$$

Sabendo que a corrente elétrica pode ser dada por $i = \int \vec{J} \cdot d\vec{S}$ e reescrevendo a Lei de Ampère, temos uma relação entre uma integral de linha e uma integral de superfície:

$$\oint \vec{B} \cdot d\vec{l} = \mu_0 \int \vec{J} \cdot d\vec{S}$$

Um resultado importante obtido com o teorema de Stokes é fornecido por:

$$\oint \vec{B} \cdot d\vec{l} = \int (\vec{\nabla} \times \vec{B}) \cdot d\vec{S} = \mu_0 \int \vec{J} \cdot d\vec{S}$$

Assim:

$$\vec{\nabla} \times \vec{B} = \mu_0 \vec{J}$$

Também temos a seguinte relação entre o papel das cargas estáticas e das correntes elétrica estacionárias (ou seja, i = constante no tempo), que podemos sintetizar pela Figura 7.12.

Figura 7.12
Relação entre cargas e correntes com os campos elétrico e magnético

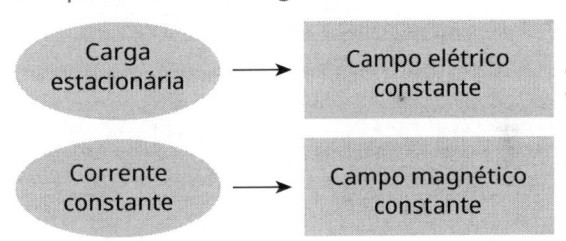

Carga estacionária → Campo elétrico constante

Corrente constante → Campo magnético constante

A seguir, temos uma ilustração de um mapa conceitual com as principais ideias que discutimos até o momento.

---

i Para tentar encontrar esse resultado, utilize a definição de rotacional de um campo vetorial $\vec{f}$ descrito pela Lei de Coulomb, dada por:

$$\vec{\nabla} \times \vec{f} = \begin{vmatrix} \hat{i} & \hat{j} & \hat{k} \\ \frac{\partial}{\partial x} & \frac{\partial}{\partial y} & \frac{\partial}{\partial z} \\ f_x & f_y & f_z \end{vmatrix}$$

Lei de Ampère

Figura 7.13
Mapa conceitual da eletrostática e da magnetostática

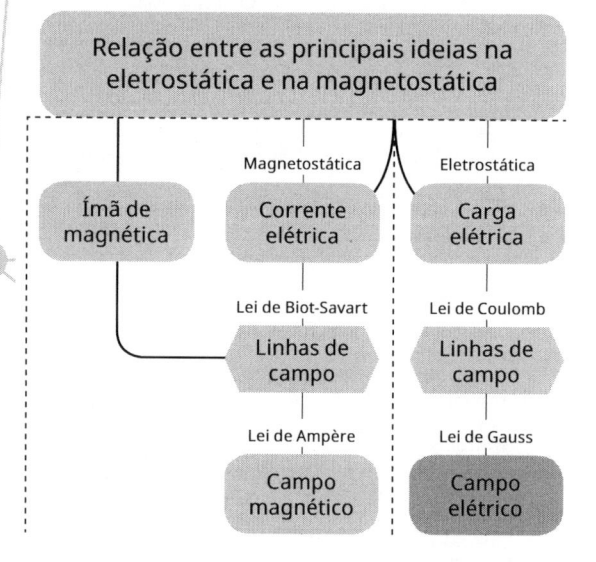

```
Relação entre as principais ideias na
eletrostática e na magnetostática

         Magnetostática         Eletrostática
Ímã de    Corrente               Carga
magnética elétrica               elétrica
            Lei de Biot-Savart   Lei de Coulomb
            Linhas de            Linhas de
            campo                campo
            Lei de Ampère        Lei de Gauss
            Campo                Campo
            magnético            elétrico
```

Outros mapas conceituais são disponíveis na internet e em redes sociais. Em nosso mapa estão presentes as principais ideias, sem a descrição matemática das equações. Construir esse tipo de mapa conceitual ficará como um exercício para o leitor.

Síntese

Neste capítulo, comentamos que, para o cálculo do campo magnético, podemos utilizar a Lei de Biot-Savart, que descreve o campo magnético no espaço para qualquer distribuição de corrente elétrica em um fio. Essa lei é matematicamente complexa, assim como a Lei de Coulomb, e é representada pela seguinte equação:

$$\vec{B} = \frac{\mu_0}{4\pi} \int \frac{i\, d\vec{l} \times \hat{r}}{r^2}$$

Vimos, também, que, da mesma forma que a Lei de Gauss permite a simplificação do cálculo do campo elétrico, a Lei de Ampère torna mais simples o cálculo do campo magnético:

$$\oint \vec{B} \cdot d\vec{l} = \mu_0\, i$$

Dessa maneira, podemos fazer a seguinte analogia: assim como as cargas elétricas estacionárias geram campos elétricos constantes, as correntes elétricas constantes criam campos magnéticos constantes.

Atividades de Autoavaliação

1. A Lei de Ampère pode ser sintetizada como:
    a) uma lei que explica o funcionamento da força magnética.
    b) uma expressão matemática que descreve o campo magnético.
    c) uma lei que descreve a relação entre corrente elétrica e campo magnético.
    d) uma expressão matemática que descreve a relação entre corrente elétrica e campo elétrico.

2. Qual a principal diferença entre o papel das cargas elétricas na eletrostática e das correntes elétricas na magnetostática?
    a) As cargas elétricas na eletrostática geram campos elétricos constantes no tempo, enquanto as correntes elétricas na magnetostática geram campos elétricos que variam no tempo.
    b) As cargas elétricas na eletrostática geram campos elétricos que variam no espaço, enquanto as correntes elétricas na magnetostática geram campos magnéticos que variam no tempo.

c) As cargas elétricas na eletrostática geram campos elétricos que variam no espaço, enquanto as correntes elétricas na magnetostática geram campos magnéticos que são constantes no tempo.

d) As cargas elétricas na eletrostática geram campos elétricos constantes no tempo, enquanto as correntes elétricas na magnetostática geram campos magnéticos que variam no tempo.

3. A Lei de Biot-Savart pode ser expressa, de forma mais simples e abrangente, como:
   a) uma expressão matemática que indica a relação da corrente elétrica e o campo elétrico.
   b) uma expressão matemática que indica e relação da corrente elétrica e o campo elétrico em um fio e sua dependência com a distância.
   c) uma expressão matemática que indica e relação da corrente elétrica e o campo magnética em um fio e sua dependência com a distância.
   d) uma expressão matemática que indica a relação da corrente elétrica e o campo magnético em um ímã.

4. Fazendo uma comparação simples entre as leis de Ampère e Biot-Savart, podemos afirmar que:
   a) a Lei de Biot-Savart relaciona corrente elétrica e campo magnético em um condutor, utilizando-se de grandezas vetoriais e de um decaimento quadrático da intensidade do campo, e a Lei de Ampère procura simetrias entre as grandezas elétricas e geométricas para obter o campo magnético.
   b) a Lei de Biot-Savart relaciona corrente elétrica e campo elétrico em um condutor utilizando-se de grandezas vetoriais e de um decaimento quadrático da intensidade do campo, e a Lei de Ampère procura simetrias entre as grandezas elétricas e geométricas para obter o campo magnético.
   c) a lei de Biot-Savart relaciona corrente elétrica e campo magnético em um condutor, utilizando-se de grandezas vetoriais e de um decaimento quadrático da intensidade do campo, e a Lei de Ampère procura simetrias entre as grandezas elétricas e geométricas para obter o campo elétrico.
   d) a lei de Biot-Savart relaciona corrente elétrica e campo magnético em um condutor utilizando-se de grandezas vetoriais e de um decaimento linear da intensidade do campo, e a Lei de Ampère procura simetrias entre as grandezas elétricas e geométricas para obter o campo magnético.

Lei de Ampère

5. Um solenoide é um dispositivo que funciona como um eletroímã, que é muito importante de ser estudado, pois produz um campo magnético:
   a) uniforme dentro e fora do solenoide e é proporcional à corrente que flui pelos fios que o compõem.
   b) uniforme dentro do solenoide e nulo fora e é proporcional à corrente que flui pelos fios que o compõem.
   c) nulo dentro do solenoide e uniforme fora e independe da corrente que flui pelos fios que o compõem.
   d) uniforme dentro do solenoide e nulo fora e independe da corrente que flui pelos fios que o compõem.

Atividades de aprendizagem

Questão para reflexão

Neste capítulo, verificamos que em física o objetivo principal é encontrar leis que descrevam o comportamento de grandezas observáveis por meio de expressões matemática simples. Estudamos isso com a relação entre as leis de Coulomb e Gauss e, agora, com Biot-Savart e Ampère. Pensando nisso, procure duas outras leis ou princípios na mecânica clássica que têm relações semelhantes e que facilitam as atividades técnicas do dia a dia. Será que toda a lei em física pode ser simplificada ao ponto de ser mais facilmente compreensível?

Atividades aplicadas: prática

1. Um interessante aplicativo gratuito de simulações de campos magnéticos e elétricos é disponibilizado pela Universidade do Colorado (procure o aplicativo *Magnet and Compass*). Utilize-o para simular os efeitos discutidos até o momento.

2. Novamente usaremos a estratégia da comparação visual de ilustrativas. Pesquise representações da Lei de Ampère e procure relacionar as diferenças desta com a Lei de Biot-Savart.

Exercícios

1. Usando a Lei de Biot-Savart, demonstre que ela pode ser dada por:
$$\vec{B}(\vec{r}) = \frac{\mu_0}{4\pi} \int \frac{\vec{J}(r) \times \hat{R}}{R^2} dv'$$

É preciso levar em conta que $R = r - r'$, sendo r' as coordenadas dentro do corpo percorrido pela corrente elétrica, r as coordenadas fora do corpo e dv' o elemento de volume do corpo.

2. Usando o resultado anterior, demonstre que, para um sistema de coordenadas apropriadas, a Lei de Biot-Savart também afirma que $\vec{\nabla} \cdot \vec{B} = 0$.

3. Calcule, por meio da Lei de Biot-Savart, o campo elétrico no eixo de uma espira circular que repousa no plano xy (veja a figura a seguir).

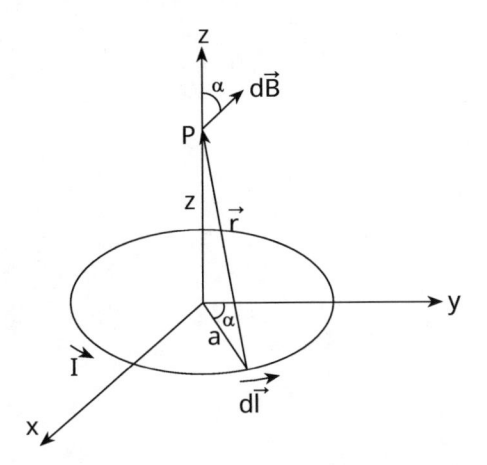

Fonte: Adaptado de <http://www.ebah.com.br/content/ABAAAf65UAH/material-teorico-ele-i-ii-parte-4-cap10-ex5>.

4. Usando a Lei de Ampère, calcule o campo magnético, em todo o espaço, gerado por um cilindro infinito de raio R percorrido por uma corrente I.

5. Usando a Lei de Ampère, calcule o campo magnético, em todo o espaço, gerado por um cabo coaxial percorrido por correntes de mesma intensidade e sentidos opostos em cada face (veja a figura a seguir).

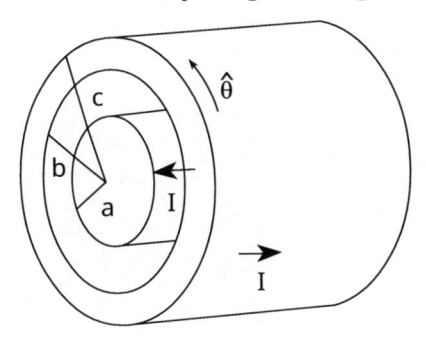

6. Para se construir um solenoide que produz campo magnético de 270 G, foi utilizado um enrolamento com N espiras, com diâmetro 3 cm, de modo a passar por ele 5 A de corrente. Determine N para um solenoide de 50 cm de comprimento.

7. No exercício anterior:
   a) qual é o fluxo magnético no interior do solenoide?
   b) E fora dele?

8. Se desejamos obter o mesmo campo da atividade 6 em um toroide, responda:
   a) Qual seria o raio do toroide se a corrente permanecesse a mesma? E o número de espiras?
   b) Quais são as particularidades?
   c) Qual é a relação entre o raio do toroide, o comprimento do solenoide e a razão entre as espiras?

9. Um solenoide tem 1 m de comprimento e 3 cm de diâmetro. Quando é aplicada uma corrente de 15 A nele, surge um campo magnético de 0,05 T. Qual deve ser o comprimento do fio que forma o solenoide?

10. Faça um mapa conceitual tecendo relações entre os campos da eletrostática e da magnetostática. Utilize as equações estudadas.

8.
Lei de Faraday

Lei de Faraday

Na História humana, a ciência sempre procurou simetrias na natureza. Após muitos estudos, notamos uma situação muito importante: muitos mecanismos da eletricidade são análogos aos do magnetismo. Por exemplo, temos as interações elétricas e magnéticas, que podem ser representadas por campos vetoriais. Além disso, ambas as interações são mediadas por uma dependência com o inverso do quadrado da distância entre os elementos interagentes.

No entanto, como não são as mesmas interações, existem diferenças, como o fato de existirem partículas que geram campos elétricos, mas não existirem partículas que geram campos magnéticos; bem como que os campos magnéticos constantes são gerados por correntes elétricas constantes no tempo.

Torna-se justificável procurar outras simetrias. Um fenômeno que percebemos é que a corrente elétrica, ao percorrer um fio, gera um campo magnético. O inverso seria verdade? O campo magnético poderia gerar uma corrente elétrica em um fio?

No século XIX, o físico (mesmo sendo autodidata) Michael Faraday (1791-1867) realizou algumas experiências que foram muito úteis na elaboração da teoria que explicou essa simetria e que permitiu o surgimento de toda uma tecnologia extremamente útil na conversão de energia elétrica em trabalho mecânico e no próprio processo de geração de energia elétrica.

Antes de analisarmos o experimento original de Faraday, apresentaremos uma sugestão de experimento para que possamos perceber a importância de Faraday com maior dimensão.

8.1 Pisca-pisca com ímã

Vamos construir um aparato muito simples e esclarecedor da Lei de Faraday.

Materiais
- 1 rolo de papel higiênico
- 100 m de fio de cobre 28 AWG
- 1 pequena lâmpada LED de decoração natalina
- 1 ímã de neodímio

Procedimentos
1. Enrole o mais compacto que puder o fio ao redor do tubo de papel higiênico e nas extremidades do fio ligue o LED.
2. Coloque o ímã dentro do tubo, feche com as duas mãos as extremidades dele e faça o ímã se deslocar dentro do tubo.

Reflita sobre as seguintes questões:
- O que ocorre com a lâmpada de LED?
- Qual seria a relação entre o campo magnético e a lâmpada de LED?

Existem variações desse experimento, como, por exemplo, utilizar o microfone de um computador em vez de uma lâmpada de LED (Laudares; Cruz, 2009). No entanto, o mais importante é procurar entender e visualizar a relação que existe entre a tensão elétrica e o campo magnético. Os problemas técnicos oriundos de ambos os experimentos podem ser sintetizados em:

- baixa corrente de saída, que pode ou não ligar o LED;
- dificuldade em enrolar o fio de forma apropriada.

Agora, vamos pensar um pouco em como foi o experimento de Faraday de maneira mais formal, tal como o encontramos em diversos livros da área.

8.2 Experimentos de Faraday

Em 1831, Faraday realizou uma série de experimentos que foram importantíssimos para a compreensão de como o campo magnético produz corrente elétrica. O nome dado ao processo foi, na verdade, *indução de corrente elétrica por um campo magnético.*

O primeiro experimento consistiu de dois solenoides com 70 m de fio de cobre enrolado em cada um deles. Observe o esquema ilustrativo da figura a seguir.

Figura 8.1
Representação esquemática do primeiro experimento de Faraday

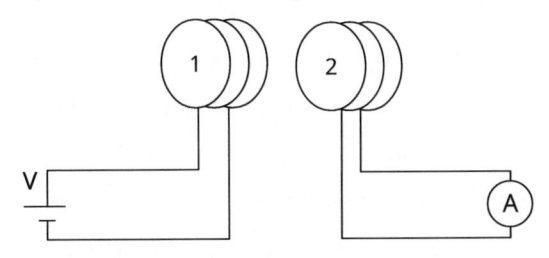

Através de um fio, o solenoide 1 está ligado a uma fonte de tensão V e está próximo ao solenoide 2, que está ligado a um amperímetro (medidor de corrente) A.

Faraday notou que, enquanto passava uma corrente pelo solenoide 1, nada ocorria no solenoide 2. No entanto, sempre que a chave era ligada ou desligada, surgia uma corrente no amperímetro. Isso levou Faraday a concluir que uma força eletromotriz surgia no solenoide 2 quando havia uma variação do campo magnético do solenoide 1.

Após esse experimento, Faraday pensou em outro teste, mas agora não usaria apenas eletroímãs, mas um ímã permanente e um solenoide. As Figuras 8.2 e 8.3 ilustram o processo.

Figura 8.2
Representação do experimento

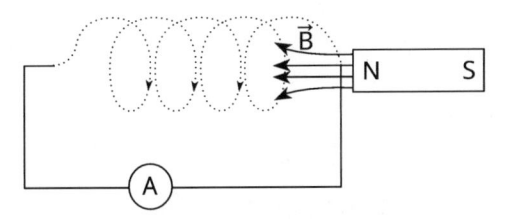

Fonte: Adaptado de Teles, 2008, p. 196.

Lei de Faraday

Quando o ímã era afastado ou aproximado do solenoide, observava-se uma leitura no amperímetro; se o ímã permanecesse imóvel em relação ao circuito, não ocorria leitura no amperímetro. Outro importante resultado desse experimento foi perceber que alterações na área do solenoide causavam mudanças na leitura do amperímetro para o mesmo ímã sendo movido.

Figura 8.3
Segundo experimento de Faraday

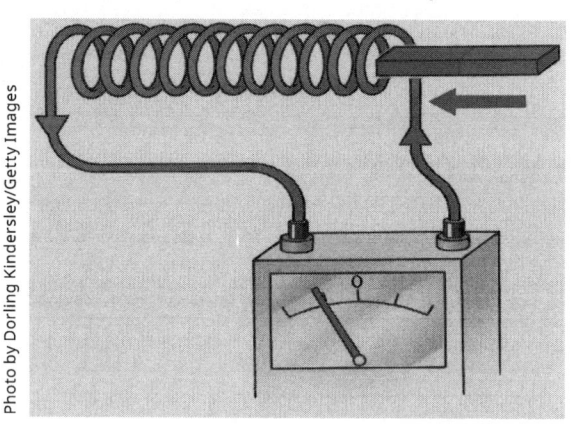

Com base nesses resultados, precisamos interpretar os resultados e formar um conjunto de equações e afirmativas que possam descrever esses fenômenos de maneira quantitativa. É o que faremos a seguir.

8.3 Interpretando as experiências

Denominaremos *força eletromotriz induzida*, ε_{ind}, a força eletromotriz que causa a leitura nos amperímetros dos experimentos de Faraday.

Podemos sintetizar os resultados com as seguintes afirmações:

- A força eletromotriz é proporcional à variação temporal do módulo campo magnético indutor $|\vec{B}|$, ou seja, $\varepsilon_{ind} \propto \dfrac{d|\vec{B}|}{dt}$.
- A força eletromotriz é proporcional à área do solenoide induzido $\varepsilon_{ind} \propto A$.

Já verificamos anteriormente que uma grandeza muito interessante para a medida da quantidade de linhas de campo que atravessam uma área é o **fluxo do campo**, Φ_B. Assim, retornamos à ideia de fluxo do campo magnético, que é definido por 6.5, cuja expressão reescrevemos como:

$$\Phi_B = \int \vec{B} \cdot d\vec{S} \qquad (8.1)$$

Para a situação em que o campo magnético apresenta módulo constante e é paralelo ao versor normal da área orientada, $\hat{n}$, temos:

$$\Phi_B = BA \qquad (8.2)$$

Em que **A** é a área total do solenoide induzido. Na situação em que o campo magnético tem módulo constante, mas a área pode variar apenas em orientação, temos $\Phi_B = BA\cos(\theta)$, em que θ é o ângulo formado entre o campo magnético e a normal da área orientada. Retomando a primeira afirmação, temos a seguinte expressão:

$$\varepsilon_{ind} = -\dfrac{d\Phi_B}{dt} \qquad (8.3)$$

A equação 8.3 é conhecida como *Lei de Faraday-Lenz* (discutiremos o sinal negativo mais adiante). Se o campo magnético variar para um conjunto de **N** áreas induzidas e associadas (por exemplo, espiras), teremos a seguinte expressão:

$$\varepsilon_{ind} = -N \frac{d\Phi_B}{dt} \tag{8.4}$$

Dessa forma, usando a Lei de Ohm e sabendo que o elemento induzido apresenta uma resistência elétrica **R**, temos a seguinte expressão para a corrente elétrica induzida I_{ind}.

$$I_{ind} = \frac{1}{R}\left|\frac{d\Phi_B}{dt}\right| \tag{8.5}$$

Precisamos procurar uma explicação para o sinal negativo na expressão 8.3. Essa explicação é dada pela Lei de Lenz, nome dado em homenagem ao físico Heinrich Friedrich Emil Lenz (1804-1865), que formulou essa explicação. A Lei de Lenz pode ser sintetizada como:

> Uma corrente induzida que surge em um condutor tende a produzir um campo magnético que se opõe à variação do fluxo magnético que a gerou.

A Figura 8.4 procura ilustrar essa situação.

Figura 8.4
Representação da Lei de Lenz

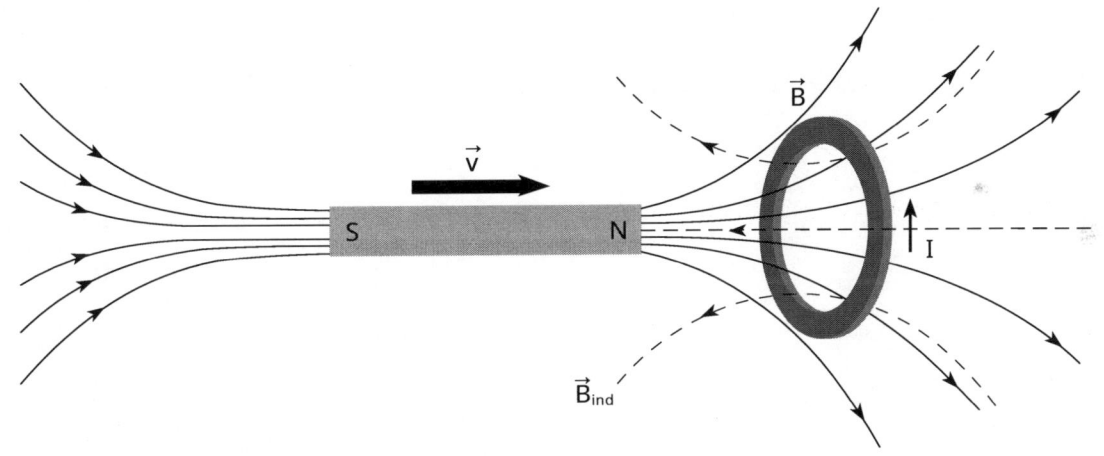

Fonte: Adaptado de Tipler; Mosca, 2013, p. 267.

O ímã se desloca da esquerda para direita causando uma variação da quantidade de linhas de campo que atravessam a superfície. Para compensar essa variação, a corrente I induz um campo magnético $\vec{B}_{ind}$ de sentido contrário a essa variação, para manter a mesma quantidade de fluxo magnético dentro do anel. Dessa forma, temos uma corrente no sentido anti-horário, como indica

Lei de Faraday

a figura. Se, por acaso, o ímã estivesse se afastando, a corrente seria no sentido horário. É interessante observar que fenômeno análogo ocorre se o anel se deslocar, mas com a diferença de os sentidos serem inversos.

Assim, o sinal negativo representa a resistência do sistema à variação do fluxo magnético. Esse resultado nos leva ao conceito geral expresso anteriormente sobre outro princípio de conservação: a energia. A Lei de Lenz procura também manter a energia total do sistema constante, e este é mais um indicativo de que as energias elétrica e magnética devem ter naturezas semelhantes.

Outro resultado interessante: se fizermos a integral de linha do campo elétrico dentro do anel da Figura 8.5, o resultado será a força eletromotriz que gera a corrente induzida. Observe a Figura 8.5:

Figura 8.5
Atuação do campo elétrico induzido

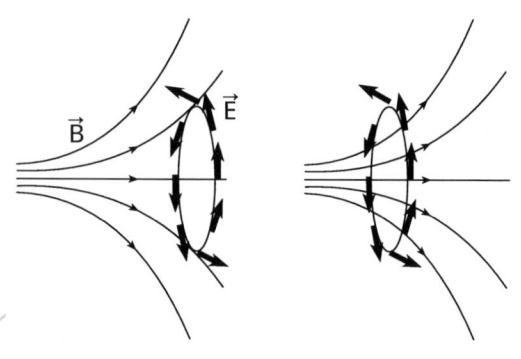

Fonte: Adaptado de Tipler; Mosca, 2013, p. 264.

Isso resulta em:

$$\oint \vec{E} \cdot d\vec{l} = \varepsilon_{ind} = -\frac{d\Phi}{dt} \qquad (8.6)$$

Usando a definição integral de fluxo magnético e o teorema de Stokes, temos que:

$$\vec{\nabla} \times \vec{E} = -\frac{\partial \vec{B}}{\partial t} \qquad (8.7)$$

Mas, no Capítulo 7, afirmamos que essa expressão seria nula! Existe alguma incoerência?

Na verdade, não há nenhuma. O campo elétrico originário de cargas elétricas tem natureza diferente do campo elétrico induzido, por variação do campo magnético. O campo elétrico na eletrostática é sempre conservativo, razão por que a integral de linha em um circuito fechado é nula. Assim, pelo que acabamos de ver, o campo elétrico induzido não é conservativo. Por isso, na física distinguimos os dois tipos de campos elétricos.

Exemplo 1

Na figura a seguir, o fluxo magnético que atravessa a espira indicada cresce com o tempo de acordo com a expressão:

$\Phi_B = 3t^3 + 8t$

Em que: Φ_B é dado em *miliwebers* e **t**, em segundos.

Figura 8.6
Fluxo magnético

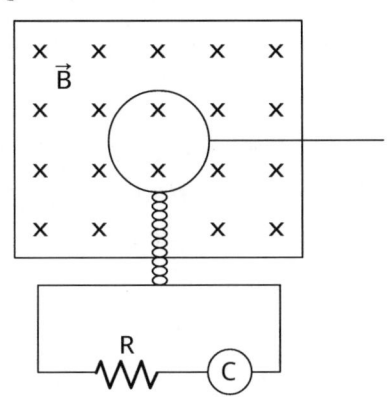

a. Calcule o módulo da força eletromotriz induzida na espira quando t = 2,0 s.
b. Qual o sentido e a expressão da corrente que passa pelo resistor R, de 8 kΩ?

Resolução

a. Para calcularmos o módulo da força eletromotriz em um dado instante, devemos escrever a expressão da força eletromotriz em termos do tempo para qualquer instante e procedemos da seguinte forma:

$$|\varepsilon_{ind}(t)| = \frac{d\Phi}{dt} = \frac{d(3t^3 + 8t)}{dt} = 9t^2 + 8$$

Substituindo para o instante de 2 segundos, teremos 44 miliwebers.

b. Observando a figura, temos o campo magnético entrando no plano da folha e sua intensidade está aumentando de forma cúbica. Pela Lei de Lenz, a corrente induzida gerará um campo magnético contrário a essa alteração e, assim, o campo magnético induzido deve sair do plano da folha. Para que isso ocorra, a espira deve ser percorrida por uma corrente no sentido anti-horário (lembre-se da regra da mão direita). Este será o mesmo sentido da corrente que passa em **R** e a sua expressão será dada por:

$$i(t) = \frac{|\varepsilon_{ind}(t)|}{R} = \frac{9}{8}t^2 + 1$$

A expressão anterior está em ampère (faça a análise dimensional).

Exemplo 2

Considere uma espira imersa em um campo magnético rotacionando com uma velocidade angular constante, o que faz com que a espira transpasse perpendicularmente o campo periodicamente. Calcule a potência elétrica gerada por **N** espiras.

Resolução

Como o ângulo entre a normal da área da espira e o campo magnético varia com o tempo (θ = ωt), devemos reescrever a força eletromotriz (é importante observar que, nesse exemplo, o campo magnético é constante) e teremos para uma espira de área **A**:

$$|\varepsilon_{ind}| = \frac{d(AB\cos(\omega t))}{dt} = \omega BA\,\text{sen}(\omega t)$$

Lei de Faraday

Em termos da corrente induzida:

$$I = \frac{\omega BA \operatorname{sen}(\omega t)}{R}$$

E a potência elétrica será dada por:

$$P = RI^2 = \frac{\omega^2 B^2 A^2 \operatorname{sen}(\omega t)^2}{R}$$

Para N espiras, teremos:

$$P = \frac{N^2 \omega^2 B^2 A^2 \operatorname{sen}(\omega t)^2}{R}$$

Esse resultado é muito importante do ponto de vista tecnológico, pois permite-nos compreender como é obtida a corrente elétrica em geradores como os utilizados em usinas hidroelétricas.

8.4 Algumas curiosidades

Vamos pensar em uma situação específica e imaginar uma chapa metálica (material condutor) e um pente igualmente metálico em um campo magnético, como temos na Figura 8.7.

Figura 8.7
Placa e pente se aproximando de um campo magnético

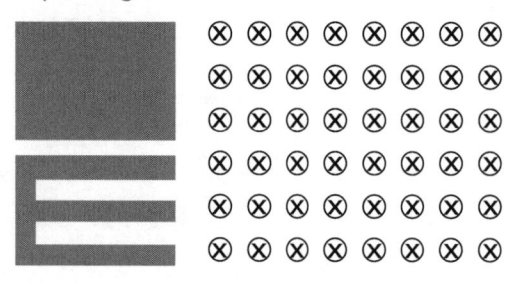

Fonte: Adaptado de Teles, 2008, p. 204.

Experimentalmente, observamos que a chapa metálica sofre uma redução de velocidade mais acentuada do que o pente. Qual será a razão disso?

A explicação pode ser dada usando-se o conceito de **corrente induzida**. Durante a imersão dentro no campo magnético, a variação do fluxo magnético no interior da chapa é maior do que no pente, logo, a corrente induzida, que é chamada de *corrente de Foucault*, na chapa, é maior do que no pente. Como qualquer corrente na presença de um campo magnético causa uma força magnética, a força na chapa é maior do que no pente, o que explica a redução de velocidade. A Figura 8.8 ilustra essa ideia.

Figura 8.8
Ilustração explicativa das correntes de Foucault

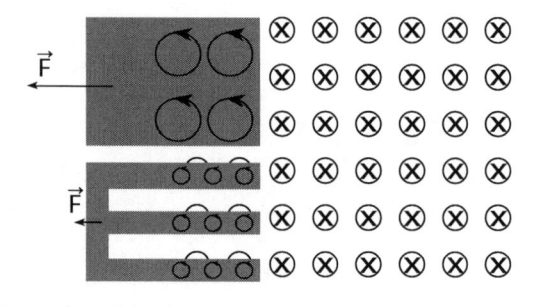

Fonte: Adaptado de Teles, 2008, p. 204.

Vamos observar outro fator importante: a chapa não é feita de um material magnético, e, sem o movimento, não ocorre interação com o ímã. Um interessante instrumento para divulgação desse tipo de fenômeno é o pêndulo magnético. Deixe dois ímãs separados em uma alavanca e permita que dois pêndulos no formato da placa e do pente oscilem penetrando na região do campo. Você perceberá o fenômeno de forma muito evidente.

Percebemos também que o material acaba sendo aquecido nesse processo de entrar no campo magnético e sair dele, o que é explicado pela dissipação por efeito Joule que ocorre no material.

A exemplo do pêndulo mecânico simples, o pêndulo magnético parece ter sua velocidade reduzida pela existência de um tipo de atrito que atua na placa ou no pente. Essa analogia é, muitas vezes, feita quando temos outra situação, como a de uma espira condutora solta em queda livre sobre um ímã.

Figura 8.9
Comportamento de uma espira em queda livre

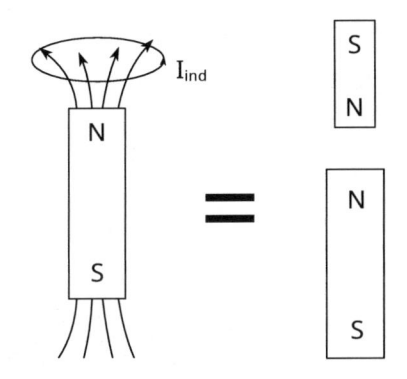

Fonte: Adaptado de Teles, 2008, p. 205.

Nesse caso, a espira perde velocidade lentamente, como ocorre com um corpo lançado em um meio viscoso. Alguns autores denominam esse tipo de fenômeno de *atrito magnético*.

Síntese

Vimos neste capítulo que a Lei de Faraday pode ser sintetizada, em termos experimentais, como o surgimento de uma força eletromotriz em uma estrutura condutora quando há uma variação do fluxo do campo magnético que atua sobre a estrutura.

A Lei de Lenz é uma decorrência do princípio da conservação da energia. Por essa razão, a corrente induzida em um condutor na presença de um campo magnético oscilante tende a gerar um campo magnético oposto à variação do campo magnético original.

Atividades de autoavaliação

1. A relação entre corrente elétrica e campo magnético pode ser expressa da seguinte forma:

    a) Uma corrente elétrica constante no tempo sempre gera um campo magnético, mas somente a variação do fluxo do campo magnético gera uma corrente no circuito onde está encerrado esse fluxo.

    b) Uma corrente elétrica variável no tempo sempre gera um campo magnético, mas somente a variação do fluxo do campo magnético gera uma corrente no circuito onde está encerrado esse fluxo.

Lei de Faraday

c) Uma corrente elétrica constante no tempo sempre gera um campo magnético, mas somente a variação do campo magnético gera uma corrente no circuito que circunda esse campo.

d) Uma corrente elétrica variável no espaço sempre gera um campo magnético, mas somente a variação do fluxo do campo magnético gera uma corrente no circuito onde está encerrado o fluxo.

2. A força eletromotriz que surge na Lei de Faraday pode ser entendida como:
   a) a diferença de potencial que surge entre dois pontos percorridos por uma corrente imaginária.
   b) a diferença de potencial que surge entre dois pontos submetidos a um campo magnético.
   c) a diferença de potencial que surge entre dois pontos circundando uma região do espaço onde a fluxo do campo magnético varia.
   d) a diferença de potencial que surge entre dois pontos circundando uma região do espaço onde o campo magnético varia.

3. Um pêndulo construído com um pedaço fino e plano de alumínio tem dois formatos: um formato com extremidade quadrada maciça e outro com extremidade quadrada, mas com vários furos. Se pendurarmos esse pêndulo de tal forma que ele passe na parte inferior por uma região onde um campo magnético é perpendicular à sua superfície, o que ocorrerá quando o soltarmos?
   a) O pêndulo com extremidade quadrada maciça oscilará livremente e o pêndulo com furos não conseguirá ultrapassar a região com o campo magnético. Isso ocorre pela formação de correntes induzidas que causam uma força perpendicular ao movimento.
   b) O pêndulo com extremidade quadrada maciça não conseguirá ultrapassar a região com o campo magnético e o pêndulo com furos oscilará livremente. Isso ocorre pelo aumento da resistência do ar, que fica magnetizado na região do campo magnético.
   c) Ambos os pêndulos oscilarão livremente, pois o alumínio não é um material sujeito à atração magnética.
   d) O pêndulo com extremidade quadrada maciça não conseguirá ultrapassar a região com o campo magnético e o pêndulo com furos oscilará livremente. Isso ocorre pela formação de correntes induzidas que causam uma força perpendicular ao movimento.

4. Imagine você fazendo parte de uma equipe que pretende fazer um planador elétrico que se movimenta apenas com energia solar. Para mostrar aos investidores que o projeto funciona, a equipe decide planejar uma viagem entre continentes. A grande questão é: Qual o trajeto que o custo energético será menor levando-se em conta a interação magnética?
    a) O melhor trajeto é de leste a oeste, pois se evita a força elétrica contrária ao campo elétrico da Terra.
    b) O melhor trajeto é de leste a oeste, pois se evita a força perpendicular oriunda das correntes induzidas.
    c) O melhor trajeto é de norte a sul, pois se evita a força elétrica perpendicular ao campo magnético da Terra.
    d) O melhor trajeto é de norte a sul, pois se evita a força perpendicular oriunda das correntes induzidas.
5. Você solta dois pesos dentro de um tubo de alumínio, um magnetizado e outro não. O intervalo de tempo para os pesos saírem do tubo de alumínio será:
    a) menor para o peso magnetizado, pois será acelerado a favor da gravidade em virtude da variação do fluxo magnético dentro do tubo.
    b) maior para o peso magnetizado, pois será acelerado a favor da gravidade em virtude da variação do fluxo magnético dentro do tubo.
    c) menor para o peso magnetizado, pois será acelerado contra a gravidade em virtude da variação do fluxo magnético dentro do tubo.
    d) Maior para o peso magnetizado, pois será acelerado contra a gravidade em virtude da variação do fluxo magnético dentro do tubo.

Atividades de aprendizagem

Questões para reflexão

1. Como vimos até o momento, a variação de diversas grandezas causa o surgimento de grandezas distintas. Por exemplo: variação da corrente elétrica no tempo causa campo magnético; variação de fluxo de campo magnético gera corrente elétrica. Pesquise e procure responder qual seria a natureza do potencial elétrico associado à corrente elétrica que surge no experimento de Faraday?

2. Procure em leituras especializadas se seriam os campos elétricos e magnéticos variações de uma mesma grandeza. Dica: Leia um pouco sobre relatividade.

Atividade aplicada: prática

Novamente, explore os aplicativos de universidades do Brasil e do exterior para encontrar um simulador que mostre a Lei de Faraday e discuta os resultados com seus colegas.

Lei de Faraday

Exercícios

1. Demonstre de que forma geral a Lei de Faraday-Lenz pode descrever o módulo da força eletromotriz induzida como:

$$\varepsilon_{ind} = \frac{dB}{dt} A \cos(\theta) + B \frac{dA}{dt} - BA \operatorname{sen}(\theta) \frac{d\theta}{dt}$$

2. Considere um campo magnético uniforme que aponta para dentro da folha e está confinado em uma região circular de raio. Supondo que a magnitude aumenta com o tempo, calcule o campo elétrico induzido em todo o espaço.

3. Uma espira retangular move-se longitudinalmente num campo magnético constante com velocidade $\vec{v}$ e tem largura L perpendicular ao sentido da velocidade de deslocamento. O campo magnético é constante no tempo. Obtenha a expressão da força eletromotriz que surge nos pontos terminais da espira.

4. Liga-se um voltímetro entre os trilhos de uma estrada de ferro, cujo espaçamento é de 1,0 m. Os trilhos são isolados um do outro. A componente vertical do campo magnético terrestre no local é de 0,1 mT. Qual é a leitura do voltímetro quando passa um trem a 144 km/h?

5. Uma haste condutora de comprimento L gira com velocidade angular ω em um campo magnético constante. Determine a força eletromotriz que surge, nessa situação, na extremidade dessa barra.

6. Simplificando o experimento de 1831, Faraday fez girar um disco de cobre entre os polos de um ímã em forma de ferradura e observou o aparecimento de uma diferença de potencial constante entre duas escovas, uma em contato com o eixo do disco e a outra na periferia. Seja **a** o raio do disco.

   a) Se o disco gira com velocidade angular ω, com seu plano perpendicular ao campo magnético uniforme B, qual é a diferença de potencial, V, gerada entre o eixo e a periferia?

   b) Devido a essa diferença de potencial, passa uma corrente de intensidade I entre o eixo e a periferia. Calcule o torque necessário para manter o disco girando e mostre que a potência fornecida é igual à potência gerada.

7. Imagine o resistor da Figura 8.6.

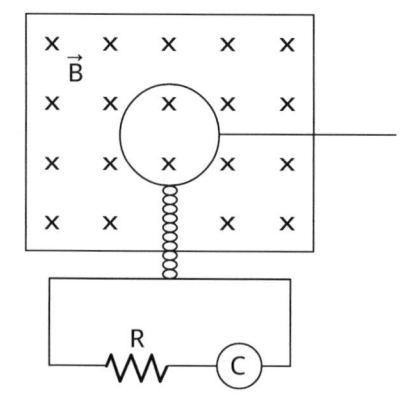

   a) Demonstre que a carga elétrica em função do tempo que passa pelo resistor pode ser dada por:
   $$q(t) = \frac{1}{R}[\Phi_B(0) - \Phi_B(t)]$$

b) Se um capacitor estivesse ligado em série com o resistor, a expressão para a carga elétrica poderia ser dada pela resolução da equação diferencial:

$$\Phi_B(t) - R_q(t) = \frac{1}{C}\int_0^t Q\, dt'$$

8. Suponha que uma barra condutora desliza sem atrito sobre um par de trilhos condutores, em meio a um campo magnético perpendicular ao plano dos trilhos, conforme mostrado pela figura a seguir.

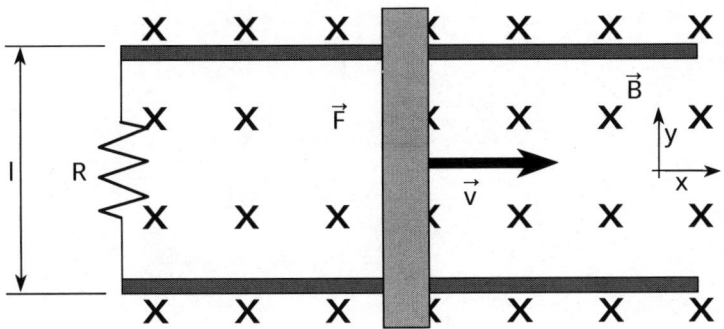

Fonte: Adaptado de Tipler; Mosca, 2013, p. 292.

Com isso, calcule:

a) a força eletromotriz induzida.

b) a corrente induzida.

c) a força magnética.

d) a velocidade da barra em função do tempo.

Dica: use a segunda Lei de Newton e procure resolver a equação diferencial.

9. Usando a mesma figura do problema 8, imagine que temos um peso de massa m conectado a uma polia cujo fio está ligado à barra. A polia se encontra à direita da barra (entre a resistência R e a barra). É ligada em série ao resistor uma bateria elétrica que fornece uma diferença de potencial v entre os trilhos. Para que o sistema fique em equilíbrio dinâmico, calcule:

a) a força eletromotriz induzida.

b) a intensidade da corrente elétrica.

9. Indutância

Indutância

Alguns dispositivos são formados por fios enrolados que, ao serem submetidos à corrente elétrica, produzem campo magnético. Esses mesmos dispositivos sofrem a ação desses campos, gerando corrente elétrica. Esse processo é muito útil do ponto de vista tecnológico, e por isso estudaremos a propriedade desses dispositivos elétricos, que explica tal fenômeno: a indutância elétrica.

Vamos iniciar realizando uma experiência bem simples. Esse experimento está sempre presente no dia a dia, mas não o conhecemos muito bem com essa terminologia.

Figura 9.1
Transformador desmontado

O sistema é composto por duas bobinas, uma com 300 e outra com 600 espiras, e um núcleo de ferro.

Materiais

- 1 transformador desmontado
- 1 caixa controladora de tensão
- 1 multímetro

Figura 9.2
Caixa controladora de tensão (sistema de interruptores da tensão da rede)

Procedimentos

1. Com o multímetro, meça a tensão da caixa controladora de tensão e anote seu valor.
2. Verifique o número de espiras em cada bobina.
3. Ligue uma das bobinas.
4. Meça a tensão de saída em uma das bobinas.
5. Meça a mesma tensão na outra bobina, alterando a configuração.

Depois de realizado o experimento, pense nas seguintes questões: Como é aplicada a tensão na segunda bobina, já que não há fiação? A tensão elétrica é transportada de qual forma? Estabeleça uma relação entre a tensão aplicada na primeira e na segunda bobina.

9.1 Indutância mútua

Indutância mútua se refere ao surgimento de uma corrente induzida em um circuito em virtude da passagem de corrente elétrica em outro circuito.

Considere duas bobinas (conjunto de espiras). Se aplicarmos uma corrente I_1 na bobina 1, teremos um campo magnético. Se I_1 variar com o tempo, ocorrerá variação do fluxo de campo magnético na espira 2, fazendo surgir uma força eletromotriz E_2 induzida na espira 2, que pode ser lida pelo galvanômetro ilustrado na Figura 9.3. E_2 será dada por:

$$E_2 = -\frac{d\Phi_{2,1}}{dt} \tag{9.1}$$

Nessa situação, $\Phi_{2,1}$ é o fluxo magnético que passa em 2 gerado por 1. Mas a variação do fluxo do campo magnético de uma variação de corrente na bobina 1 (ou de um deslocamento desta) é a seguinte:

$$\frac{d\Phi_{2,1}}{dt} \propto \frac{dI_1}{dt} \tag{9.2}$$

Figura 9.3
Representação de duas bobinas (uma indutora e outra induzida)

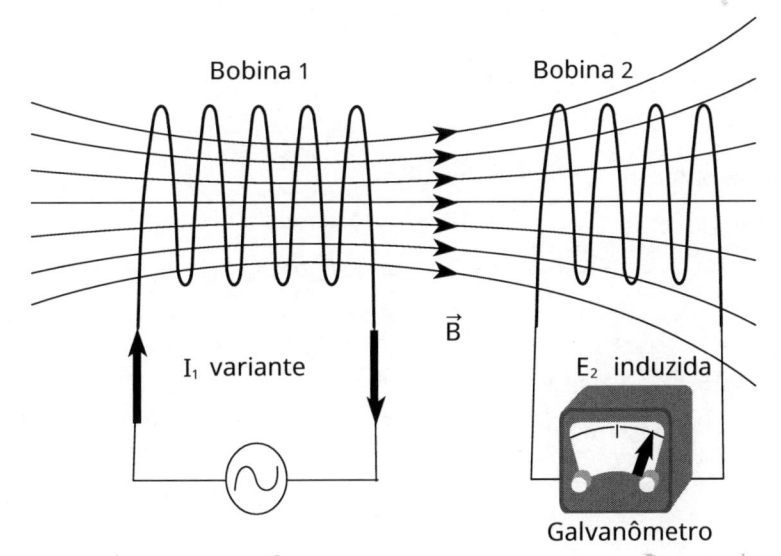

Fonte: Elaborado com base em Almeida, 2017.

Indutância

Podemos substituir essa proporcionalidade por uma igualdade por meio da definição de um constante (como sempre fazemos) que descreve a indução mútua entre a bobina 1 e 2 $L_{2,1}$.

$$\frac{d\Phi_{2,1}}{dt} = L_{2,1} \frac{dI_1}{dt} \quad (9.3)$$

Essa constante é denominada *indutância mútua* e a sua unidade é Henry (H). Assim, $H = \frac{Tm^2}{A}$. Dessa forma, teremos, para a força eletromotriz em 2:

$$E_2 = - L_{2,1} \frac{dI_1}{dt} \quad (9.4)$$

Experimentalmente, observamos que a constante de indução mútua depende apenas da geometria das espiras e da distância entre elas.

Podemos manipular um pouco as expressões e chegar a uma relativamente geral, que pode ser útil na obtenção dessa propriedade em diversas situações.

$$\Phi_{2,1} = L_{2,1} I_1 \quad (9.5)$$

Com a expressão 9.5, fica fácil de se fazer a análise adimensional que nos forneça a unidade da indutância eletromagnética. Para entendermos melhor essa ferramenta, precisaremos analisar alguns exemplos.

Exemplo

Calcule a indutância mútua entre duas espiras coplanares e concêntricas com raios R_1 e R_2, sendo que R_1 é muito maior que R_2.

Resolução

Primeiramente é interessante observar a situação da Figura 9.4, que ilustra esse conjunto de espiras.

Figura 9.4
Representação esquemática do problema das duas espiras coplanares

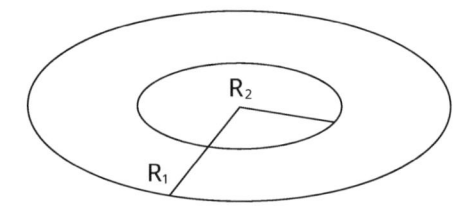

Fonte: Adaptado de Teles, 2008, p. 208.

O primeiro passo na resolução desse exercício é obter a relação entre o fluxo magnético em uma espira e a corrente elétrica na outra.

Sabemos que o campo magnético gerado pela espira de raio R_1, ao ser percorrida por uma corrente I, é dado por:

$$\vec{B}_1 = \frac{\mu_0 I R_1^2}{2(R_1^2 + z^2)^{\frac{3}{2}}} \hat{k}$$

Para o caso do campo na origem do plano, temos z = 0. Portanto:

$$\vec{B}_1 = \frac{\mu_0 I}{2R_1} \hat{k}$$

Como $R_1 \gg R_2$ podemos considerar que o campo na espira 2, devido à espira 1, é constante. Logo, o fluxo no seu interior será:

$$\Phi_{2,1} = \int \vec{B}_1 \cdot d\vec{S} = B_1 A_2 = \frac{\mu_0 I}{2R_1} \pi R_2^2$$

Essa expressão é obtida em virtude de o versor normal à superfície da espira 2 ser paralelo ao vetor campo magnético gerado pela espira 1. Usando a 9.5, identificamos que:

$$L_{2,1} = \frac{\mu_0 \pi}{2} \frac{R_2^2}{R_1}$$

É interessante notar que, como as espiras são coplanares, a distância entre os planos é nula. Observando de forma inocente a definição de indução mútua, ficamos tentados a acreditar em indutância nula, mas, fazendo mais alguns exercícios (e cálculos como os que fizemos anteriormente), logo percebemos que essa relação pode ser um pouco mais complexa.

9.2 Autoindutância

Considerando novamente uma bobina com N espiras pela qual passa uma corrente I, se ocorre alguma alteração na corrente, o fluxo através da espira varia com o tempo. De acordo com a Lei de Faraday, uma força eletromotriz induzida surge para gerar um campo magnético no sentido oposto à variação do fluxo $\vec{B}$ inicial. Podemos dizer que o próprio campo se opõe a qualquer mudança de corrente e, assim, temos o fenômeno da **autoindutância**.

Definimos matematicamente a autoindutância **L** da seguinte maneira: imagine que o fluxo magnético depende indiretamente da corrente elétrica $\Phi = \Phi(I)$. Sendo assim, podemos repensar a Lei de Faraday usando a regra da cadeia:

$$\frac{d\Phi}{dt} = \frac{d\Phi}{dI} \frac{dI}{dt} = L \frac{dI}{dt}$$

$$L = \frac{d\Phi}{dI} \tag{9.6}$$

Nesse caso, não é a corrente em outro circuito que causa a variação do fluxo magnético. Por essa razão, o coeficiente da variação da corrente no tempo é denominado *autoindutância*.

A Figura 9.5 apresenta o efeito da variação de uma corrente no fluxo magnético gerado pela bobina (que, a partir de agora, chamaremos de *indutor*). Se a corrente diminui, surge uma força eletromotriz que causa uma corrente que tende a compensar essa ação, mas, se ocorre um aumento da corrente, a força eletromotriz é alterada, causando uma corrente no sentido contrário. Note, portanto, que indutores ligados em fontes elétricas cuja corrente varia periodicamente no tempo terão o efeito indutivo mais intenso do que se estiverem ligados em fontes de corrente contínua no tempo.

Indutância

Figura 9.5
Ilustração da autoindutância causada pela variação de um campo magnético em virtude de uma variação de corrente

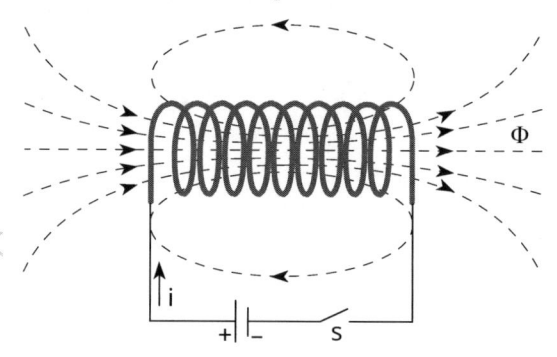

Fonte: Adaptado de Almeida, 2017.

Da mesma forma que ocorre no caso da indutância mútua, a autoindutância depende apenas de fatores geométricos da bobina em questão.

Exemplo

Calcule a autoindutância de um solenoide.

Resolução

Como discutimos anteriormente, para que possamos falar de *autoindutância*, precisamos verificar por que o fluxo do campo magnético que atravessa o solenoide varia. A forma mais simples de se pensar é que a corrente elétrica está variando. O campo magnético gerado por um solenoide de n espiras por unidade de comprimento percorrido por uma corrente I é dado por:

$$\vec{B} = \mu_0 \, In\hat{x}$$

Em que $\hat{x}$ é o eixo do solenoide.

O fluxo magnético que atravessa a seção reta de uma espira (que é perpendicular ao campo magnético) é dado por:

$$\Phi_B = BA = \mu_0 \, In\pi R^2$$

Em que R é o raio do solenoide.

Assim, o fluxo total que passa pelo solenoide será o produto desse fluxo pela quantidade de espiras do solenoide, ou seja:

$$\Phi = N\Phi_B = n\delta\mu_0 \, In\pi R^2 = \pi\mu_0 \, I\delta n^2 R^2$$

Nesse caso, δ é o comprimento do solenoide. Logo, a autoindutância L será:

$$L = \frac{d\Phi}{dI} = \pi\mu_0 \, \delta n^2 R^2$$

Agora temos as características desse elemento eletromagnético denominado *indutor*. Assim como o resistor e o capacitor, vamos observar como o indutor se comporta ao ser associado a outros elementos de circuitos elétricos.

9.3 Associação de indutores

Uma forma bem simples de definir um indutor é a seguinte:

> Dispositivo de um circuito elétrico que armazena energia na forma de campo magnético.

Tecnicamente, indutores são componentes com elevada indutância e que evitam variações bruscas de corrente elétrica. Essa última característica se origina das propriedades da Lei de Lenz.

O símbolo do indutor é ○─⏜⏜⏜─○. Existem outras variações da simbologia, já que um indutor é uma bobina e pode ter núcleo de ar, núcleo de ferro ou permeabilidade magnética variável, mas, para nossos objetivos, usamos apenas essa representação. A unidade de indutância, como falamos anteriormente, é o Henry.

Algo que sabemos experimentalmente é que a diferença de potencial elétrico (ou tensão elétrica), v, aplicada aos terminais de um indutor tem a mesma magnitude da força eletromotriz induzida nele. Matematicamente:

$$V = L \frac{dI}{dt} \quad (9.7)$$

Da mesma maneira que trabalhamos com resistores e capacitores, podemos tratar os indutores, ou seja, se temos mais de um indutor em um circuito elétrico, podemos obter o indutor equivalente para facilitar o cálculo das grandezas características do circuito (corrente e tensão nos componentes), mas, nesse processo, ao calcular a indutância equivalente, devemos levar em conta os efeitos de indutância mútua e autoindutância quando estudarmos a associação de indutores. Para isso, vamos pensar primeiramente em dois indutores em série, como os da Figura 9.6, em que podemos perceber que a corrente elétrica que passa por ambos é a mesma.

Figura 9.6
Representação de uma associação em série de dois indutores

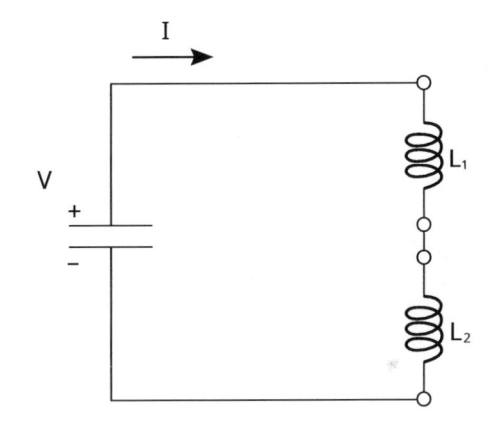

A força eletromotriz do indutor equivalente L_e ocorrerá pelas contribuições da autoindutância de cada indutor e pela contribuição da indutância mútua, ou seja:

$$L_e \frac{dI}{dt} = L_1 \frac{dI}{dt} + L_{1,2} \frac{dI}{dt} + L_2 \frac{dI}{dt} + L_{2,1} \frac{dI}{dt}$$

Nessa situação, $L_{1,2}$ e $L_{2,1}$ são as contribuições da indutância mútua entre os dois indutores. Como elas são iguais entre si, finalmente teremos a expressão para a indutância equivalente:

$$L_e = L_1 + L_2 + 2L_{2,1} \qquad (9.8)$$

Esse processo é muito semelhante à associação de resistores.

Figura 9.7
Representação de dois indutores associados em paralelo

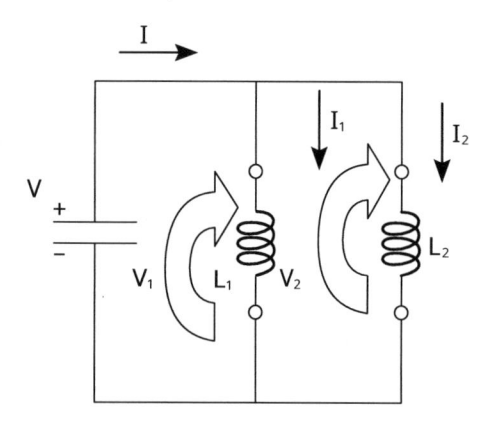

Para o caso de dois indutores em paralelo, como ilustra a Figura 9.7, temos a mesma magnitude para as tensões V_1 e V_2. Em cada ramo, teremos:

$$V_1 = L_1 \frac{dI_1}{dt} + L_{1,2} \frac{dI_2}{dt} \qquad (9.9)$$

$$V_2 = L_2 \frac{dI_2}{dt} + L_{2,1} \frac{dI_1}{dt} \qquad (9.10)$$

Para resolvermos esse sistema de equações, multiplicaremos as equações 9.9 e 9.10 pela indutância mútua, que sabemos ser a mesma:

$$L_{1,2} V_1 = L_1 L_{1,2} \frac{dI_1}{dt} + L_{1,2}^2 \frac{dI_2}{dt} \qquad (9.11)$$

$$L_{1,2} V_2 = L_2 L_{1,2} \frac{dI_2}{dt} + L_{1,2}^2 \frac{dI_1}{dt} \qquad (9.12)$$

Precisamos agora multiplicar a equação 9.9 por L_2 e a 9.10 por L_1. Assim, teremos:

$$L_2 V_1 = L_1 L_2 \frac{dI_1}{dt} + L_2 L_{1,2} \frac{dI_2}{dt} \qquad (9.13)$$

$$L_1 V_2 = L_1 L_2 \frac{dI_2}{dt} + L_2 L_{1,2} \frac{dI_1}{dt} \qquad (9.14)$$

Usando as propriedades de que $V = V_1 = V_2$ e que $I = I_1 + I_2$ e manipulando os sistemas de equações – 9.11, 9.12, 9.13 e 9.14, teremos a seguinte expressão para a indutância equivalente, L_e:

$$L_e = \frac{L_1 L_2 - L_{1,2}^2}{L_1 + L_1 - 2L_{1,2}} \qquad (9.15)$$

Agora que sabemos a relação entre as associações de indutores, podemos pensar em como esses elementos irão se relacionar com outros elementos de circuitos elétricos.

9.4 Circuitos com indutores

Para começarmos a entender a relação da energia magnética em circuitos elétricos, começaremos com os circuitos formados por resistores e indutores.

9.4.1 Circuito RL

A exemplo do que fizemos com o circuito composto por um capacitor e um resistor – no qual a corrente elétrica se comporta de uma forma não contínua –, vamos examinar o circuito composto por um indutor e um resistor, a princípio, sem passarmos corrente por ele, como ilustra a Figura 9.8. Nessa situação, a chave **K** encontra-se desligada e, assim, não há corrente percorrendo nem o resistor **R** nem o indutor **L**.

Figura 9.8
Esquema ilustrativo de um circuito RL

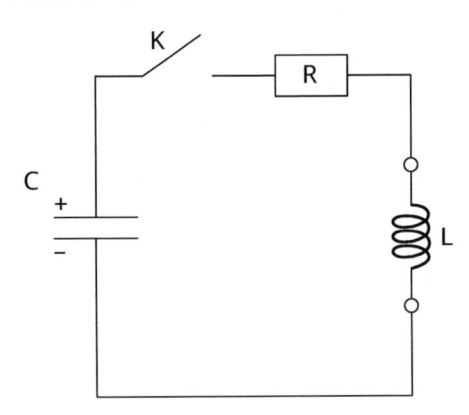

No instante imediatamente anterior ao circuito ser ligado (t = 0), a corrente é nula. Após ligá-lo, a corrente começa a passar e rapidamente chega a uma situação estacionária após a resistência que o indutor oferece a essa "criação" de campo magnético. Assim, para um tempo grande na escala temporal do circuito (t = ∞), a corrente terá um valor I(t) = V/R, que é constante.

Usando a Lei das Malhas no instante imediatamente após a chave **K** ser fechada, teremos a seguinte configuração de tensões elétricas:

$$V - RI - L\frac{dI}{dt} = 0 \tag{9.16}$$

A equação 9.16 é uma equação diferencial ordinária de primeira ordem homogênea cuja solução pode ser obtida por integração, como veremos a seguir:

$$\frac{L}{R}\frac{dI}{dt} = \frac{V}{R} - I \Rightarrow \frac{dI}{\left(\frac{V}{R} - I\right)} = \frac{R}{L}dt \Rightarrow \int_{I_0}^{i(t)} \frac{dI}{\left(\frac{V}{R} - I\right)} = \int_0^t \frac{R}{L}dt$$

Para resolvermos a integral que surge no último passo da linha anterior, faremos uma substituição de variável para integrarmos em dI, ou seja, $\left(\frac{V}{R} - I\right) = u \Rightarrow -dI = du$. Esse passo é justificável porque R e V são constantes. Assim:

$$\int_{u_0}^{u} \frac{-du}{u} = \frac{R}{L}t \Rightarrow \ln\left(\frac{u_0}{u}\right) = \frac{R}{L}t$$

Indutância

Voltando à variável original (não se esqueça de que $I_0 = 0$) e manipulando os elementos da equação, chegamos à expressão da corrente em função do tempo:

$$I(t) = \frac{V}{R}\left(1 - e^{-\frac{R}{L}t}\right) \tag{9.17}$$

Essa expressão é muito semelhante à obtida para o circuito RC. A exemplo de RC, o parâmetro que indica o tempo necessário para que a corrente chegue ao seu valor máximo é denominado *constante de tempo indutiva*, τ_L, e é dado por $\tau_L = \frac{L}{R}$.

Exemplo

A corrente elétrica em um circuito **RL** chega a 1/3 de seu valor estacionário após 6,0 s. Calcule a constante do tempo indutiva.

Resolução

A expressão *corrente estacionária*, no contexto do circuito **RL**, refere-se à máxima corrente alcançada pelo circuito, que será a razão entre a tensão elétrica da fonte pelo valor do resistor. Se chamarmos a corrente estacionária de I_L, o que sabemos até o momento é $I(t = 6s) = \frac{I_L}{3}$. Substituindo essa expressão na 9.17, temos:

$$I(t = 6s) = \frac{I_L}{3} = I_L\left(1 - e^{-\frac{6s}{\tau_L}}\right) \Rightarrow -e^{-\frac{6s}{\tau_L}} = -\frac{2}{3} \Rightarrow \frac{6s}{\tau_L} = \ln\left(\frac{3}{2}\right) \Rightarrow \tau_L = 14,8 \text{ s}$$

9.4.2 Circuito LC

Para tratarmos do circuito LC, devemos imaginar um capacitor carregado conectado a um indutor (o circuito da Figura 9.9 ilustra essa situação). No caso, a chave **K** está aberta e não há fluxo de carga elétrica dentro do circuito. Temos as seguintes condições iniciais:

- A carga elétrica total do circuito será aquela armazenada no capacitor Q_0 no instante $t = 0$, imediatamente antes de ligar a chave **K**.
- A corrente elétrica no circuito será nula $I(t = 0) = 0$.

Figura 9.9
Esquema ilustrativo de um circuito LC

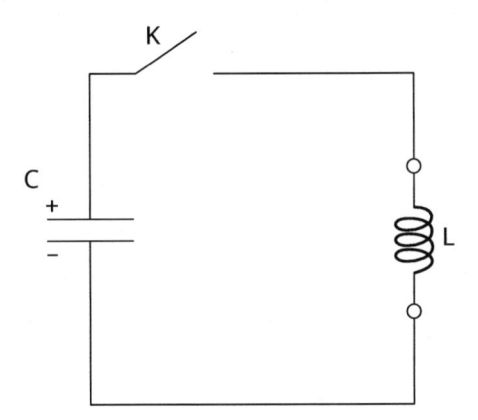

Usando a Lei das Malhas, chegamos à seguinte equação para descrever a corrente a partir do momento em que a chave foi ligada:

$$\frac{Q}{C} - L\frac{dI}{dt} = 0 \qquad (9.18)$$

Nessa situação, o capacitor está descarregando, ou seja $I = -\frac{dQ}{dt}$. Reescrevendo a equação 9.18, identificaremos uma equação diferencial ordinária, de segunda ordem e homogênea:

$$\frac{d^2Q}{dt^2} + \frac{Q}{LC} = 0 \qquad (9.19)$$

Vamos definir o parâmetro $\omega_0^2 = \frac{1}{LC}$ e reescrevemos a expressão 9.19:

$$\frac{d^2Q}{dt^2} = -\omega_0^2 Q \qquad (9.20)$$

Identificamos que as funções que, ao serem derivadas pela segunda vez, resultam nelas mesmas com sinal trocado, são as funções trigonométricas do tipo seno e cosseno.

Assim, a função que melhor descreve a carga elétrica dentro do circuito será da forma:

$$Q(t) = Q_0 \cos(\omega_0 t) \qquad (9.21)$$

Derivando a expressão 9.21 com relação ao tempo e lembrando do sinal negativo da corrente em função de o capacitor estar descarregando, chegamos facilmente à expressão:

$$I(t) = \omega_0 Q_0 \operatorname{sen}(\omega_0 t) \qquad (9.22)$$

O Gráfico 9.1 representa o comportamento da carga e da corrente em um circuito LC.

Gráfico 9.1
Representação gráfica da expressão da corrente e da carga dentro de um circuito LC

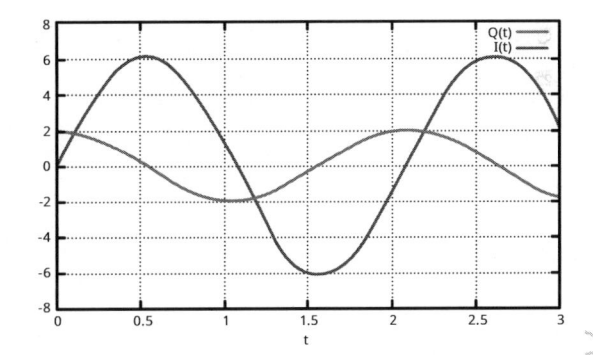

Sabemos que a energia armazenada em um capacitor, U_E, é dada pela expressão 3.32, que reescrevemos aqui como sendo:

$$U_E = \frac{CV^2}{2} = \frac{Q^2}{2C} \qquad (9.23)$$

Nesse caso do circuito LC, é expressa por:

$$U_E = \frac{Q_0^2 \cos(\omega_0 t)^2}{2C} \qquad (9.24)$$

Indutância

Nesse momento, iremos determinar a energia armazenada dentro de um indutor para verificarmos algumas semelhanças. Como sabemos, com base em nossas analogias com sistemas mecânicos, a variação da energia potencial está relacionada ao trabalho realizado pelo sistema:

$$\Delta U = -W \quad (9.25)$$

Vimos que a força eletromotriz induzida ε, num circuito por um campo magnético variável, tende a se opor à variação do fluxo pela Lei de Lenz, ou seja:

$$\varepsilon = \frac{d\Phi}{dt} \quad (9.26)$$

Se a corrente no instante considerado é **i**, a potência, P, que deve ser dissipada para a oposição a essa variação de fluxo magnético, será dada por:

$$P = \frac{dW}{dt} = -\varepsilon_i = \frac{d\Phi}{dt} i \quad (9.27)$$

Associando a autoindutância do indutor tratado, temos:

$$\frac{dW}{dt} = Li\frac{di}{dt} \quad (9.28)$$

A energia magnética, U_M, associada ao indutor será dada por:

$$U_M = \int_0^t P\,dt = \int_0^t Li\frac{di}{dt}dt = \int_0^I Li\,di = \frac{LI^2}{2} \quad (9.29)$$

Usando a corrente dada para o caso específico do indutor no circuito LC obtida pela expressão 9.22, temos que:

$$U_M = \frac{L\omega_0^2 Q_0^2 \operatorname{sen}(\omega_0)^2}{2} \quad (9.30)$$

Se ficarmos atentos às relações que existem entre o parâmetro w_0, a capacitância e a indutância, é fácil ver que chegamos à seguinte expressão para a energia total U:

$$U = U_E + U_M = \frac{Q^2}{2C} \quad (9.31)$$

A expressão 9.31 confirma a nossa impressão de que as energias elétricas e magnéticas são complementares.

Outra conclusão a que chegamos é que o circuito LC apresenta comportamento análogo ao do sistema mecânico do oscilador harmônico. Da mesma forma que a energia potencial elástica se transforma em cinética dentro do oscilador, desde que não ache forças dissipativas, a energia elétrica se tornará totalmente magnética. As analogias em física são usadas nas mais diversas áreas e, às vezes, apresentam ao pesquisador uma natureza idêntica dos fenômenos, como ocorreu no caso da eletricidade e do magnetismo, ou apenas mostram-se analogias, como existem entre sistemas mecânicos e sistemas biológicos (Barros, 2010).

Para terminarmos nossa compreensão de circuitos elétricos da melhor maneira possível, devemos atentar para o fato de que podemos colocar todos os três elementos que conhecemos em um circuito, como veremos na próxima seção.

9.4.3 Circuito RLC

Associando os três elementos que conhecemos, temos um circuito como o ilustrado na Figura 9.10.

Figura 9.10
Figura esquemática de um circuito RLC

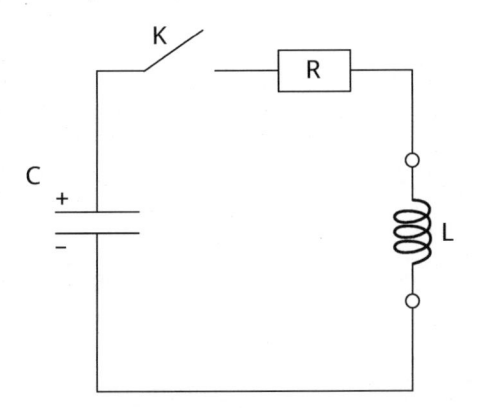

Nessa situação, não há uma fonte externa de tensão. Antes de fechar a chave **K**, as condições iniciais são as que seguem:
- A carga inicial do capacitor corresponde a Q_0.
- A corrente inicial é nula.
- O capacitor está descarregando, logo, o que temos é $\frac{dQ}{dt}$.

Novamente, usando a Lei das Malhas, temos a seguinte equação para o sistema imediatamente após a chave **K** ser fechada:

$$-\frac{Q}{C} - RI - L\frac{dI}{dt} = 0 \quad (9.32)$$

Escrevendo todos os termos da equação em termos da carga elétrica, encontramos a expressão:

$$\frac{d^2Q}{dt^2} + \frac{R}{L}\frac{dQ}{dt} + \frac{Q}{LC} = 0 \quad (9.33)$$

Vamos definir alguns parâmetros para essa equação diferencial linear ordinária de segunda ordem e homogênea.

A equação 9.33 é idêntica ao sistema que encontramos para descrever um oscilador amortecido. Definiremos o termo $\omega_0 = \sqrt{\frac{1}{LC}}$ como a frequência de oscilação natural do sistema (note que a oscilação aqui se refere à oscilação da corrente elétrica) e $\gamma = R/L$ é o termo de amortecimento das oscilações. Para a solução da equação 9.33, podemos utilizar várias técnicas. Uma delas é o uso da representação de funções complexas para a obtenção do polinômio característico e resolver uma equação algébrica em vez de uma equação diferencial, mas deixaremos essa tarefa para os cursos específicos e para quem desejar consultar a literatura sobre o tema (Boyce; Diprima, 1979). Nesse momento, apresentaremos a solução e analisaremos seu comportamento de forma qualitativa.

Indutância

A expressão para a função que descreve a carga dentro do circuito RLC é dada por:

$$Q(t) = e^{-\frac{\gamma}{2}t}\left[A_1 \exp\left(\sqrt{\frac{\gamma^2}{4} - \omega_0^2}\,t\right) + A_2 \exp\left(-\sqrt{\frac{\gamma^2}{4} - \omega_0^2}\,t\right)\right] \tag{9.34}$$

Existem três casos importantes descritos nesse sistema que são ilustrados no gráfico a seguir:

Gráfico 9.2
Comportamento da carga elétrica em um circuito RLC

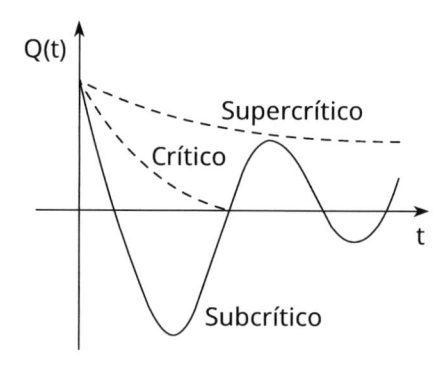

Esses três casos serão especificados nas seções a seguir.

9.4.3.1 O caso subcrítico

Na situação em que a frequência natural de oscilação é maior do que o termo de amortecimento do sistema $\omega_0^2 > \frac{\gamma^2}{4}$, percebemos que a amplitude de oscilação do sistema diminui gradativamente, mas é perceptível a característica oscilatória dos termos indutivos e capacitivos.

A expressão 9.34 pode ser resumida da seguinte forma:

$$Q(t) = A\, e^{-\frac{\gamma}{2}t} \cos(\omega_1 t - \varphi)$$

A frequência ω_1 é dada por $\omega_1 = \omega_0^2 - \frac{\gamma^2}{4}$ e as constantes A e φ são obtidas pelas condições iniciais.

9.4.3.2 O caso crítico

No caso crítico, temos que o quadrado da frequência natural de oscilação do circuito é igual ao termo de amortecimento do sistema $\omega_0^2 = \frac{\gamma^2}{4}$. Nessa situação, as oscilações não são perceptíveis e o valor da carga diminui exponencialmente. A expressão 9.34 assume a seguinte forma:

$$Q(t) = (A + Bt)\, e^{-\frac{\gamma}{2}t}$$

E novamente temos duas constantes de ajuste na expressão.

9.4.3.3 O caso supercrítico

O termo de amortecimento do sistema pode assumir um valor maior do que a frequência de oscilação natural do sistema $\omega_0^2 < \frac{\gamma^2}{4}$. Da mesma forma que para os outros casos, a solução 9.34 assume outra forma, a saber:

$$Q(t) = e^{-\frac{\gamma}{2}t} [A_1 \exp(\omega_2 t) + A_2 \exp(-\omega_2 t)]$$

A frequência ω_1 é dada por $\omega_1 = \frac{\gamma^2}{4} - \omega_0^2$ e as constantes A_1 e A_2 e são obtidas pelas condições iniciais.

Resumidamente, esse é o comportamento da carga elétrica nesse tipo de circuito. As várias formas com que a carga pode ser transferida dentro do circuito RLC permitem que este tenha várias aplicações tecnológicas.

O leitor atento pode estar se perguntando o que ocorre se temos uma tensão externa aplicada ao circuito. Nessa situação, temos um termo não homogêneo em nossa equação diferencial, e as soluções dependem da natureza desse termo, que, se for constante no tempo, implicará um amortecimento diferenciado; mas se a tensão externa for dependente do tempo, então teremos o caso conhecido em mecânica como *oscilações forçadas*, caso em que temos a particular e importante situação da ressonância.

Para maiores detalhes sobre a compreensão dos fenômenos de ressonância em sistemas físicos, sugerimos uma leitura de Barros (2007).

Para concluirmos nossos estudos sobre o papel dos componentes indutores em circuitos elétricos, é interessante verificarmos como a energia pode ser armazenada dentro dos indutores e como o campo magnético expressa essa energia. É o que veremos na última seção deste capítulo.

9.5 Energia armazenada no campo magnético

Calculamos a autoindutância de um solenoide de comprimento δ e número total de espiras **N**.

$$L = \frac{\pi \mu_0 N^2 R^2}{\delta} = \mu_0 N^2 \frac{A}{\delta} \quad (9.35)$$

Nessa situação, **A** é a área da seção transversal do solenoide. A energia magnética U_B é dada por:

$$U_B = \frac{LI^2}{2} = \mu_0 (NI)^2 \frac{A}{2\delta} \quad (9.36)$$

Manipulando a expressão 9.36, apenas para encontrarmos uma relação com o volume do solenoide, multiplicamos e dividimos a expressão pelo comprimento do solenoide:

$$U_B = \mu_0 \left(\frac{NI}{\delta}\right)^2 \frac{A\delta}{2} \quad (9.37)$$

A expressão $A\delta$ é o volume do solenoide, definindo a densidade de energia magnética por unidade de volume (densidade de energia magnética), u_B, que apresenta a seguinte expressão:

$$u_B = \frac{U_B}{A\delta} = \mu_0 \left(\frac{NI}{\delta}\right)^2 \frac{1}{2} \quad (9.38)$$

No entanto, verificamos que o campo magnético, $\vec{B}$, do solenoide é dado por $\vec{B} = \frac{\mu_0 IN}{\delta}\hat{x}$. Logo, podemos escrever a densidade de energia magnética em termos do módulo do campo magnético e chegamos a:

$$u_B = \mu_0 \left(\frac{|\vec{B}|}{\mu_0}\right)^2 \frac{1}{2} \quad (9.39)$$

E finalmente temos a seguinte expressão:

$$u_B = \frac{|\vec{B}|^2}{2\mu_0} \quad (9.40)$$

A expressão 9.40 é muito parecida com a 3.35, que é a densidade de energia elétrica de um capacitor. Podemos pensar na soma das densidades de energia em uma região do espaço:

$$u = u_E + u_B = \frac{\epsilon_0 |\vec{E}|^2}{2} + \frac{|\vec{B}|^2}{2\mu_0} \quad (9.41)$$

Um leitor atento pode criticar a expressão 9.41 pelo fato de que a expressão da energia do campo elétrico era originária de um capacitor, enquanto a energia do campo magnético, de um solenoide. Ao juntarmos ambos e falarmos que a expressão 9.41 vale para um campo eletromagnético, não seria uma imposição sem qualquer justificativa? Na verdade, a expressão é obtida com outra formalização, por meio de uma ferramenta conhecida como *potencial vetor magnético*, um tema que não discutiremos neste livro. Mas vale a citação da teoria, pois sabemos que todo o conhecimento é uma construção humana e qualquer representação de grandezas físicas, na verdade, é construída dentro de modelos e idealizações da realidade.

Síntese

A indutância é definida como a propriedade que alguns instrumentos elétricos apresentam de induzir corrente elétrica a partir de campo magnético.

Vimos, neste capítulo, que a indutância mútua é o fenômeno no qual surge corrente elétrica em um circuito induzida pela variação do fluxo magnético de outro circuito, com o qual não há contato por meio material. Já a autoindutância é o fenômeno no qual o próprio campo magnético gerado por uma corrente se opõe a uma variação da corrente elétrica.

Também verificamos que um indutor elétrico é um dispositivo que pode ser usado para gerar um campo magnético bem determinado em uma dada região no espaço, e que, assim como os resistores e os capacitores, os indutores podem ser associados para aumentar a indutância efetiva do conjunto. A associação de indutores é análoga à associação de resistores com a diferença da contribuição da indutância mútua.

Os circuitos RL são formados por resistores e indutores associados. A principal característica desse circuito é o comportamento da corrente elétrica que cresce até atingir um valor de equilíbrio, que depende da diferença de potencial e da resistência do resistor. A taxa de crescimento da corrente por unidade de tempo é denominada *tempo indutivo do circuito*.

Os circuitos LC são associações entre indutores e capacitores e têm como principal característica o decaimento da corrente elétrica quando uma fonte de tensão é removida.

As principais características do circuito RLC são as oscilações periódicas na corrente elétrica no regime subcrítico, o rápido decaimento da corrente no regime crítico e o decaimento mais ameno do regime supercrítico. A caracterização dos regimes do circuito RLC é determinada com base na relação entre a frequência natural de oscilação da contribuição indutiva e a dissipação causada pelo resistor. Todos esses comportamentos ocorrem na ausência de uma fonte de tensão.

Observamos ainda que o campo magnético apresenta uma energia armazenada que é determinada pela indutância do elemento que gera o campo magnético. Apesar dessas características específicas, a mesma expressão é utilizada para descrever o comportamento de um campo eletromagnético.

Atividades de autoavaliação

1. A indutância pode ser entendida como o fenômeno relacionado ao:
   a) surgimento de corrente elétrica em um circuito sem a necessidade de fonte eletromotriz causada pela variação de fluxo do campo magnético.
   b) surgimento de corrente elétrica em um circuito com a necessidade de fonte eletromotriz causada pela variação de fluxo do campo magnético.
   c) surgimento de corrente elétrica em um circuito sem a necessidade de fonte eletromotriz causada pela variação do campo magnético.
   d) surgimento de corrente elétrica em um circuito com a necessidade de fonte eletromotriz causada pela variação do campo magnético.

2. A indução mútua é uma característica do circuito, levando-se em conta:
   a) os materiais com os quais este é fabricado.
   b) os materiais com os quais este é fabricado e a forma com que a corrente elétrica é transmitida.
   c) os isolantes com os quais este é fabricado e a forma com que a tensão elétrica é aplicada.
   d) os isolantes com os quais este é fabricado e a forma com que a corrente elétrica é transmitida.

3. A energia magnética está associada aos circuitos induzidos, mas podemos dizer que é uma:
   a) propriedade exclusiva de ímãs.
   b) grandeza presente em ímãs e circuitos elétricos.
   c) propriedade de qualquer campo magnético.
   d) grandeza de qualquer circuito elétrico.

Indutância

4. Um circuito LC apresenta um capacitor carregado. Podemos dizer, de forma genérica, que a frequência de oscilação é:
   a) inversamente proporcional ao produto da capacitância pela indutância, e o pico de corrente ocorre logo que o circuito é fechado.
   b) diretamente proporcional ao produto da capacitância pela indutância, e o pico de corrente ocorre logo que o circuito é fechado.
   c) inversamente proporcional ao produto da capacitância pela indutância, e o pico de corrente ocorre após estabilização do circuito.
   d) diretamente proporcional ao produto da capacitância pela indutância, e o pico de corrente ocorre após estabilização do circuito.

5. Com relação ao circuito RLC, podemos fazer a seguinte afirmação:
   a) Como existe uma relação entre capacitor e indutor, sempre será identificada uma oscilação, e o resistor dissipará a energia de forma independente.
   b) Como existe uma relação entre capacitor e indutor, haverá uma oscilação que depende da taxa de dissipação da energia do resistor.
   c) Como existe uma relação entre capacitor e indutor, nem sempre ocorre uma oscilação, e o resistor não influencia essa oscilação.
   d) Como existe uma relação entre capacitor e indutor, nem sempre será identificada uma oscilação, e o resistor não dissipará energia.

Atividades de aprendizagem

Questões para reflexão

1. Cite duas aplicações no dia a dia em que circuitos RLC são importantíssimos.
2. Procure em músicas, poesias e ilustrações na internet exemplos de como a energia magnética é representada em nossa sociedade.

Atividade aplicada: prática

Pesquise na internet sobre as principais geometrias existentes em circuitos em que a indução eletromagnética é significativa. Faça um resumo e apresente aos seus colegas. Discutam as semelhanças e as diferenças encontradas.

Exercícios

1. Demonstre que a indutância mútua entre duas bobinas, $L_{2,1}$, pode ser dada por:

   $$L_{2,1} = \frac{d\Phi_{2,1}}{dI_1}$$

   Nessa situação, $\Phi_{2,1}$ é o fluxo magnético que passa em 2 devido à corrente em 1 e I_1 é a corrente elétrica que passa em 1.

2. Imagine duas espiras estacionárias, C_1 e C_2. A espira 1 é percorrida pela corrente I_1 que varia no tempo.

   a) Usando a Lei de Biot-Savart, demonstre que o fluxo do campo magnético que passa na seção reta da espira 2 devido à espira 1, $\Phi_{2,1}$, é dado por:

   $$\Phi_{2,1} = \frac{\mu_0 I_1}{4\pi} \int \oint \frac{d\vec{l}_1 \times \hat{r}}{r^2} d\vec{S}$$

   b) Usando o teorema de Stokes, demonstre que a indutância mútua tem a característica de $L_{1,2} = L_{2,1}$.

   c) Demonstre que a indutância mútua pode ser dada por:

   $$L_{2,1} = \frac{\mu_0}{4\pi} \oint \oint \frac{d\vec{l}_1 \times d\vec{l}_2}{r}$$

   Comprove que essa é uma grandeza que depende apenas de propriedades geométricas das espiras.

3. Demonstre que a indutância mútua, L_s, entre dois solenoides concêntricos de densidade linear de espiras n_1 e n_2 é dada por:

   $L_s = \mu_0 n_1 n_2 l \pi R_2^2$

   Nessa situação, l é o comprimento dos solenoides.

4. Calcule a autoindutância de um cabo coaxial com fio condutor interno de raio a envolvido por uma capa cilíndrica também condutora de raio b.

5. Dois toroides com seção reta quadrada de 10 mm de altura estão concatenados: um tem 1 200 espiras, enquanto o outro, 800. O toroide menor apresenta um raio de 50 mm e o maior, de 90 mm.

   a) Obtenha a expressão da indutância mútua entre os dois toroides.

   b) Qual é o valor dessa indutância?

6. Qual é a indutância mútua que surge quando dois indutores de valores 8 mH e 12 mH estão ligados em série e notamos uma indutância equivalente de 24 mH?

7. Em um circuito RL, quanto tempo, em termos da constante do tempo indutiva, será necessário para que a corrente atinja metade de seu valor máximo?

8. Faça uma análise dimensional e demonstre que a unidade de ω_0 na equação 9.21 corresponde à grandeza rad/s.

9. Um circuito RLC, como ilustrado na Figura 9.10, é ligado em série a uma fonte de V.

   a) Qual será a variação na frequência de oscilação comparada ao circuito quando a fonte for removida?

   b) Qual é a expressão das amplitudes de oscilação?

Indutância

10. Um indutor de 4 H é colocado em série com um resistor de 16 Ω. Uma diferença de potencial de 3 V é aplicada a essa associação.
    a) Qual é a potência fornecida pela bateria no instante 0,25 s?
    b) Qual é a potência dissipada no resistor?
    c) Qual é a potência com que o campo magnético é energizado?

10.
Magnetismo em meios materiais

Magnetismo em meios materiais

Um dos primeiros contatos que temos com o magnetismo e como esse fenômeno ocorre na natureza é o uso de bússolas de localização. Neste capítulo, para iniciarmos a discussão sobre o magnetismo nos materiais, vamos realizar uma atividade experimental muito simples, que a maioria das pessoas já fez alguma vez na vida: construir uma bússola.

Materiais

- 1 agulha de costura
- 1 ímã de alto-falante
- 1 clipe metálico de papel
- 1 rolha de cortiça
- 1 pires redondo não muito fundo

Procedimento

1. Tome a agulha e passe o ímã ao longo do corpo dela. Faça isso várias vezes. Esse processo é chamado de *magnetização*.
2. Use o clipe para testar se a agulha está magnetizada. Em caso de resposta positiva, faça um pequeno cubo com a cortiça e o atravesse com a agulha.
3. Coloque água no pires de tal forma que o conjunto agulha e rolha possam se deslocar livremente.
4. Perceba que, mesmo deslocando a agulha da posição original, ela volta a essa posição. Para diferenciar as posições, é recomendável pintar um dos lados.

Sobre o experimento, procure responder a essas questões:

- A agulha funciona como ímã agora? Qual é o campo magnético que ela tenta se alinhar?
- A agulha poderia ser feita de qualquer metal?
- Qual é a diferença se a agulha apresentar um diâmetro ou comprimento maior?

Procure discutir essas questões, pois recordaremos essas perguntas adiante.

10.1 Introdução

Como vimos até o momento, os ímãs são elementos que se atraem mutuamente ou atraem partículas de ferro. Como já abordamos, não existe uma lei, como a Lei de Coulomb, pois não há uma entidade como o monopolo magnético. A estrutura mais simples da natureza que expressa o magnetismo é o dipolo magnético. Algo análogo à Lei de Coulomb seria o seguinte:

$$\vec{F}_m = K_m \frac{\vec{\mu}_1 \vec{\mu}_2}{r_2} r \qquad (10.1)$$

A constante é descrita em termos da permeabilidade magnética ε_0, $K_m = \frac{1}{4\pi\,\varepsilon_0}$. Nessa expressão, os momentos de dipolo magnético $\vec{\mu}_i$ são vetores, e até aqui calculamos o momento de dipolo magnético com base em uma corrente elétrica. Podemos nos perguntar: Existem pequenos momentos de dipolo magnético dentro dos materiais que são magnéticos? Por que alguns materiais são magnéticos e outros não?

Será que todos os materiais se magnetizam da mesma forma?

Para responder a essa perguntas completamente, necessitamos de um grande conhecimento da natureza microscópica da matéria; no entanto, para conhecermos essa natureza, precisamos conhecer mecânica quântica. Neste capítulo, estudaremos todos os fenômenos baseados na mecânica clássica e indicaremos em quais aspectos esta não atende aos resultados experimentais.

Vamos assumir algumas suposições prévias:
- A matéria é composta por pequenas partículas denominadas *átomos*, que apresentam um núcleo carregado positivamente e elétrons orbitando ao seu redor.
- Os elétrons são negativamente carregados.
- O elétron é uma entidade quântica que apresenta uma característica chamada de *spin*, que pode ser entendida como um momento angular intrínseco, mas que não tem análogo macroscópico.

Um elétron isolado pode ser tratado classicamente como uma minúscula carga negativa girando, com o momento angular intrínseco, *spin S*. Associado a esse momento angular de *spin* existe um momento magnético intrínseco μ_s.

Agora, elétrons ligados em átomos girando ao redor de um núcleo apresentam um momento angular relativo à sua órbita.

Vamos modelar essas ideias. Imagine um elétron que se move com velocidade escalar $\vec{v}$ numa órbita circular de raio **r**. O elétron circulante é equivalente a uma única espira submetida a uma corrente. O momento $\vec{m}$ da espira é dado por:

$$\vec{m} = \vec{\mu}_{orb} = i\vec{A} \qquad (10.2)$$

Precisamos calcular a corrente elétrica. Para tanto, é necessário saber a quantidade de carga que varia em um ponto por unidade de tempo. O tempo necessário para o elétron percorrer uma volta completa, o período T, está relacionado com a velocidade escalar e o raio (r):

$$T = \frac{2\pi r}{v}$$

Assim, a corrente elétrica nessa "espira" será a quantidade de carga elétrica (no caso, a carga do elétron) dividida por esse período, o que nos fornece:

$$i = \frac{q}{T} = \frac{-ev}{2\pi r}$$

A área submetida pela "espira" (órbita) é $A = \pi r^2$, de modo que:

$$\vec{\mu}_{orb} = i\vec{A} = \frac{-ev}{2\pi r}\pi r^2 \hat{n} = \frac{-evr}{2}\hat{n} \qquad (10.3)$$

Esse é o momento de dipolo magnético do elétron associado à sua órbita. O versor $\hat{n}$ é normal ao plano da órbita em que o elétron está girando. Como o elétron gira ao redor do núcleo, ele apresenta um momento angular associado que, classicamente, é dado por:

$$\vec{L} = \vec{r} \times \vec{p} \qquad (10.4)$$

Nessa expressão, $\vec{p}$ é o momento linear do elétron que é, classicamente, o produto da massa do elétron (m_e) pela sua velocidade, e o vetor $\vec{r}$ é o vetor com posição relativa ao centro de rotação, nesse caso, o centro do átomo. Em módulo, temos $|\vec{L}| = m_e v r$. Substituindo $vr = \dfrac{|\vec{L}|}{m_e}$ na expressão 10.3:

$$\vec{\mu}_{orb} = \dfrac{-e\vec{L}}{2m_e} \qquad (10.5)$$

Considerando os primórdios da teoria quântica, sabemos que o momento angular (Eisberg; Resnick, 1994) é quantizado, ou seja, assume apenas valores discretos. Nesse caso, não explicaremos com mais detalhes as imposições experimentais necessárias para assumir essa hipótese, mas, desde os trabalhos de Niels Bohr, assume-se que:

$$|\vec{L}| = m\hbar \qquad (10.6)$$

Na expressão 10.6, a constante **m** assume os valores discretos $m = 0, \pm 1, \pm 2, \ldots$ e a constante $\hbar = \dfrac{h}{2\pi}$. A constante **h** é conhecida como *constante de Planck* e tem valor $h = 6{,}6 \cdot 10^{-34}$ J.s. Dessa forma, temos uma expressão relativamente aproximada da realidade. Não entraremos em mais detalhes sobre como é quantizado o *spin* do elétron, mas, para nossos intuitos momentâneos, essa expressão é útil.

Manipulando as expressões e utilizando um pouco de conceitos básicos da mecânica quântica, podemos chegar a uma expressão que exprime uma grandeza, fora do sistema internacional de unidades, que quantifica o momento magnético orbital. O magnéton de Bohr $\mu_B = 9{,}27 \cdot 10^{-24}$ J/T, que deixaremos como exercício, pois é uma unidade importante para quantificar os valores dos dipolos magnéticos na modelagem de vários fenômenos magnéticos em escala microscópica.

Agora vamos pensar um pouco sobre o porquê de todos os materiais não serem magnéticos, já que são formados por átomos que apresentam momentos magnéticos orbitais.

A resposta se encontra na anulação dos dipolos magnéticos, já que existe uma distribuição aleatória desses momentos magnéticos orbitais. A Figura 10.1 ilustra esse efeito, que agora estudaremos mais especificamente.

Figura 10.1
Ilustração da anulação dos dipolos magnéticos orbitais em um material

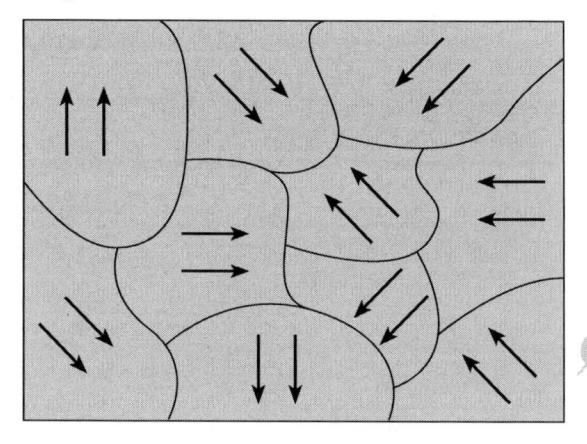

10.2 Paramagnetismo

De maneira geral, temos materiais que mostram as propriedades do magnetismo (atrair ferro ou corpo da mesma substância do qual ele é formado). No entanto, para a maior parte dos átomos e íons das substâncias mais comuns, os efeitos magnéticos dos elétrons, incluindo seus *spins* e seus momentos magnéticos orbitais, cancelam-se, o que também ocorre macroscopicamente. Por essa razão, muitas vezes imaginamos que não existe magnetismo na maior parte da natureza. De maneira geral, todos os materiais são magnéticos, mas alguns apresentam uma interação tão pequena que não é detectada facilmente.

Outros têm uma característica interessante, como vimos no caso da agulha da bússola: ao serem submetidos a um campo magnético intenso, tornam-se magnéticos. Para entendermos esse fenômeno, podemos usar a teoria que aprendemos, assumindo que os elétrons, ao se comportarem como espiras ao redor dos núcleos, podem dar uma resposta a um campo magnético externo, da mesma forma que as espiras macroscópicas respondem por meio da Lei de Lenz à ação de campos magnéticos externos.

> *Paramagnetismo* é o processo no qual, para uma amostra de um dado material, com N átomos, cada um dos quais com um momento de dipolo magnético $\vec{\mu}$, na presença de um campo magnético externo $\vec{B}$, os dipolos atômicos tendem a se alinhar com o campo. Assim, a amostra, se completamente alinhados os momentos magnéticos individuais, terá propriedades magnéticas. Esse arranjo é muito sensível à agitação térmica, pois a orientação dos átomos depende da energia cinética que apresentam e que é fornecida por variação térmica.

Assim, o novo campo ocorre na mesma direção do campo externo aplicado. Podemos pensar na energia necessária para esse alinhamento e, para tanto, vamos definir uma grandeza para descrever essa tendência em formar dipolos magnéticos, processo que denominaremos *magnetização*.

> A *magnetização* é definida como o grau com que se encontra magnetizada uma dada amostra, que é expressa pela razão entre o momento de dipolo magnético da amostra pelo seu volume, ou seja, a magnetização $\vec{M}$ será uma grandeza vetorial.

$$\vec{M} = \frac{d\vec{\mu}}{dv} \quad (10.7)$$

A magnetização total da amostra será dada por $\vec{\mu}_{total} = \int \vec{M}\, dv$. É fácil perceber através de uma análise dimensional que a unidade de magnetização é A/m.

Como falamos anteriormente, as propriedades magnéticas em materiais paramagnéticos dependem da energia térmica associada a eles. Existe uma lei empírica que descreve esse fenômeno por meio da associação da magnetização do material $\vec{M}$ com o campo magnético externo $\vec{B}$ e a temperatura T, também conhecida como *Lei de Curie*, dada por:

$$\vec{M} = C\frac{\vec{B}}{T} \quad (10.8)$$

Magnetismo em meios materiais

A constante **C** é a constante de Curie. A Lei de Curie funciona bem desde que a razão B/T não se torne muito grande.

Nas teorias que melhor descrevem os fenômenos dentro do paramagnetismo, considera-se que, nesse tipo de material, o efeito do *spin* ganha da Lei de Lenz para cada átomo.

De forma teórica e experimental, verificamos que a magnetização não pode crescer indefinidamente, mas deve tender a um valor máximo, já que, quando todos os átomos estiverem alinhados ao campo magnético externo, não há mais contribuição à magnetização. Dessa forma, a Lei de Curie tem suas limitações. O Gráfico 10.1 ilustra até que ponto essa lei é válida para resultados experimentais.

Gráfico 10.1
Comportamento da magnetização usando a Lei de Curie (curva a) e os resultados experimentais (b)[i]

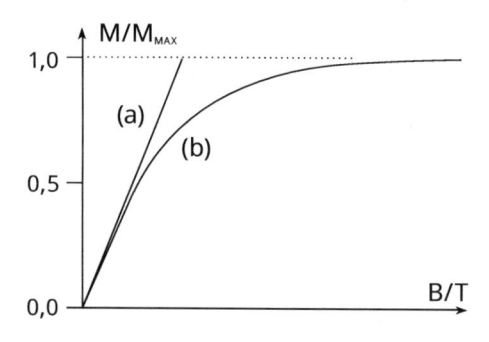

Fonte: Adaptado de MSCP, 2017.

Materiais paramagnéticos típicos são o potássio, o oxigênio, o tungstênio, as terras raras e alguns de seus sais.

---

i Pela figura, é fácil percebermos o limite de saturação da magnetização.

Existem outros fenômenos associados à magnetização na natureza, como veremos a seguir.

10.3 Diamagnetismo

Macroscopicamente notamos que alguns materiais, ao serem expostos a um campo magnético, tornam-se magnéticos, mas com orientação contrária ao campo externo original.

Após a teoria que vimos na introdução, a explicação quase imediata que apresentamos é que, nesse caso, a Lei de Lenz tenderá a criar um momento de dipolo magnético em cada átomo, com orientação contrária ao campo magnético externo, e deverá prevalecer sobre a interação causada pelo efeito do *spin*. Não faremos aqui previsões quantitativas sobre a contribuição de cada efeito, pois elas dependem de interações quânticas, mas vale dizer que, de maneira geral, se houver interação de *spin*, esta será maior do que a causada pela Lei de Lenz. Logo, materiais diamagnéticos não apresentam momento de dipolo intrínseco.

Praticamente é difícil encontrarmos materiais diamagnéticos com efeito mais sensível, mas podemos citar o bismuto metálico (que é o com efeito de maior intensidade), o hidrogênio, o hélio, o cloreto de sódio, o cobre, o ouro, o silício, o germânio e o enxofre. As pessoas geralmente pensam que esses materiais não são magnéticos, mas de fato eles apresentam essa estranha propriedade magnética.

A Figura 10.2 ilustra como um corpo de material diamagnético se orienta na presença de um campo magnético externo. O diamagnetismo permite até animais levitarem[ii].

Figura 10.2
Materiais diamagnéticos são repelidos do campo magnético, deslocando-se para regiões de campo magnético menos intenso

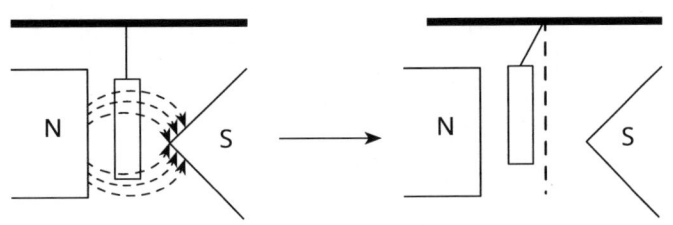

Antes de darmos continuidade à descrição dos fenômenos magnéticos nos materiais, vale a pena discutirmos um pouco mais sobre a formação dos dipolos magnéticos dentro deles.

Por meio da equação 10.7, definimos o campo de magnetização. Uma definição teórica que podemos fazer é que, dentro de cada material, pequenas correntes causadas pelos dipolos magnéticos estão presentes e, de maneira geral (sem demonstrarmos nada), essas correntes estão ligadas à magnetização pela expressão matemática:

$$\vec{J}_M = \vec{\nabla} \times \vec{M} \qquad (10.9)$$

Em que $\vec{J}_M$ é a densidade de corrente de magnetização. Assim, o campo magnético $\vec{B}$ estaria relacionado a essas correntes de magnetização, enquanto correntes causadas por portadores de carga dentro do material gerariam outro campo. A Lei de Ampère torna-se:

$$\vec{\nabla} \times \vec{B} = \mu_0 (\vec{J} + \vec{J}_M) = \mu_0 \vec{J} + \mu_0 \vec{\nabla} \times \vec{M} \qquad (10.10)$$

Definimos um novo campo, que deve ter a mesma estrutura da expressão 10.9:

$$\vec{J}_M = \vec{\nabla} \times \vec{H} \qquad (10.11)$$

Essa expressão apresenta a seguinte relação com os outros campos:

$$\vec{\nabla} \times \vec{B} = \mu_0 \vec{\nabla} \times H + \mu_0 \vec{\nabla} \times \vec{M} \Rightarrow \vec{\nabla} \times (\vec{B} - \mu_0 \vec{M}) = \mu_0 \vec{\nabla} \times \vec{H} \Rightarrow \vec{H} = \frac{\vec{B}}{\mu_0} - \vec{M} \qquad (10.12)$$

Podemos chamar $\vec{B}$ de *campo magnético* devido à indução magnética. $\vec{H}$ é um campo magnético devido às correntes elétricas dos portadores de carga do material e $\vec{M}$ é um campo de

---

ii Para ver um vídeo interessante sobre isso, acesse: CIÊNCIA TUBE. **Diamagnetismo e levitação**. Disponível em: <http://www.cienciatube.com/2010/10/diamagnetismo-ra-flutua-morango.html>. Acesso em: 10 jul. 2016.

Magnetismo em meios materiais

magnetização, que é uma componente de $\vec{B}$, originário de respostas microscópicas do material.

A classificação dos materiais quanto ao fato de serem paramagnéticos ou diamagnéticos está relacionada à forma como o campo magnético responde a alterações externas nesses materiais. Essa resposta pode estar relacionada às características do próprio material. Por exemplo, uma liga de tungstênio e cromo é não homogênea quanto às substâncias que a formam e provavelmente poderá se comportar de maneira paramagnética ou diamagnética, dependendo da situação. Assim, criamos outras ferramentas teóricas para identificar o comportamento do material.

Para materiais magnéticos homogêneos, lineares e isotrópicos, a magnetização do material varia linearmente com o campo magnético $\vec{H}$ por meio da expressão:

$$\vec{M} = \chi_M \vec{H} \qquad (10.13)$$

Assim como o campo elétrico na matéria, o campo magnético apresenta uma constante de proporcionalidade adimensional denominada *susceptibilidade magnética do meio*, representada por χ_M.

Assim:

$$\vec{B} = \mu_0 (\vec{H} + \vec{M}) = \mu_0 (1 + \chi_M) \vec{H} \qquad (10.14)$$

Podemos pensar em uma outra constante que apresente a mesma unidade da permeabilidade magnética do vácuo, μ_0, a que chamaremos de *permeabilidade magnética do meio* e teremos a expressão:

$$\vec{B} = \mu \vec{H} \qquad (10.15)$$

É difícil, mas é preciso não confundir μ (permeabilidade magnética do meio) com o vetor momento de dipolo magnético. Definimos também uma grandeza conhecida como *permeabilidade magnética relativa*, μ_r, dada por $\frac{\mu}{\mu_0}$.

O comportamento do material determinará o sinal da constante χ_M. Em materiais diamagnéticos, $|\vec{B}| < |\vec{H}|$, assim, $\chi_M < 0$, e para materiais paramagnéticos, temos o sinal contrário.

10.4 Ferromagnetismo

Os dois fenômenos anteriores são mais raros do que o chamado *ferromagnetismo*, que é caracterizado pela atração que existe entre ferro-ímã, ímã-ímã. Outra característica do ferromagnetismo é o fato de que a magnetização persiste mesmo na ausência de um campo magnético externo – ou seja, materiais ferromagnéticos são substâncias dos ímãs por definição.

Outra característica experimental bem conhecida é que uma substância ferromagnética, ao ser aquecida a temperaturas suficientemente altas, perde a sua magnetização espontânea e se comporta como uma substância paramagnética.

Como temos falado neste capítulo, para uma completa compreensão dos fenômenos magnéticos, é necessário um conhecimento mais profundo dos fenômenos relacionados à física quântica, mas alguns modelos bem simples procuram explicar esses fenômenos. Um modelo simples afirma que os átomos dos elementos que apresentam o comportamento ferromagnético apresentam uma interação especial, denominada *acoplamento de troca*, que permite o alinhamento dos dipolos atômicos de forma bem uniforme. Esse é o chamado *modelo de Ising*, que é muito importante para a explicação tanto dos fenômenos ferromagnéticos quanto para a compreensão das transições de fase em Termodinâmica (Salinas, 1999). De forma bem simplificada, o modelo afirma que os momentos de dipolo magnético podem assumir apenas dois valores específicos: os *spins* do átomo σ_i. Vamos imaginar os átomos em uma rede em que a interação entre os vizinhos é mediada pelo acoplamento de troca J. Assim, o estado microscópico de um sítio da rede terá uma energia dada por:

$$E(\sigma) = -J \sum_{(i,j)} \sigma_i \sigma_j \qquad (10.16)$$

Não vamos entrar em mais detalhes sobre como a transição de fase é prevista nem como podemos calcular outras grandezas termodinâmicas com base na expressão 10.16. Para nós, basta afirmar que essa energia descreve muitas forças atômicas importantes.

Experimentalmente, sabemos que forças interatômicas bem específicas determinam o alinhamento dos momentos de dipolos magnéticos em regiões com grande número de átomos, as quais são denominadas *domínios* e apresentam formas e tamanhos variados. As características desses domínios permitem o registro da forma como foi feita a magnetização desse material e, assim, a "história magnética" dele. Dessa forma, o magnetismo torna-se uma ferramenta para datação e outras aplicações geológicas.

Uma atividade experimental bem instrutiva é notar que, para transformadores elétricos, que discutimos no capítulo anterior, é importante ter um núcleo de ferro em seu interior (Figura 10.3). Vamos explicar agora o seu funcionamento.

Figura 10.3
Foto da bobina de um transformador para ilustrar a importância do núcleo de ferro nesse dispositivo

Magnetismo em meios materiais

Ao aplicarmos tensão elétrica nos terminais da bobina do transformador, as espiras são eletrizadas e forma-se um campo magnético ($\vec{B}_0$) como em um solenoide. No entanto, a intensidade e a estabilidade (a bobina não queima) são muito maiores com a presença do núcleo de ferro. Podemos pensar que esse aumento da intensidade está relacionado com o alinhamento dos dipolos magnéticos dos átomos de ferro do núcleo que causam uma contribuição, $\vec{B}_M$, média no campo magnético final $\vec{B}$.

Assim, o campo magnético é dado por:

$$\vec{B} = \vec{B}_0 + \vec{B}_M \tag{10.17}$$

O campo $\vec{B}_M$ está relacionado à magnetização do núcleo de ferro e, como vimos, apresenta um valor máximo, que é alcançado ao se alinharem todos os domínios do núcleo de ferro. O Gráfico 10.2 mostra como é a curva de magnetização de um dado material em função do campo magnético oriundo de um solenoide.

Gráfico 10.2
Exemplo de curva de magnetização[iii]

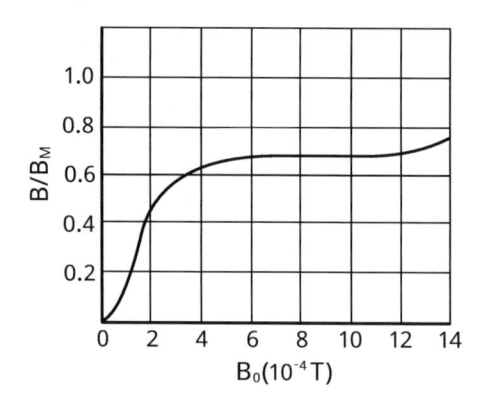

Uma característica muito interessante nos materiais ferromagnéticos é que, ao retirarmos ou invertermos o sentido do campo magnético externo aplicado, a magnetização do material não responderá de maneira linear.

A Figura 10.4, a seguir, mostra uma representação gráfica da intensidade da magnetização de um material ferromagnético em função da intensidade do campo magnético aplicado ao material. Este tipo de representação é conhecida como *curva de "histerese"* por razões que veremos a seguir.

[iii] Este gráfico nos fornece o grau de influência que um campo magnético exerce no alinhamento dos dipolos magnéticos de uma dada substância ferromagnética.

Figura 10.4
Representação gráfica de uma curva de histerese de um material ferromagnético

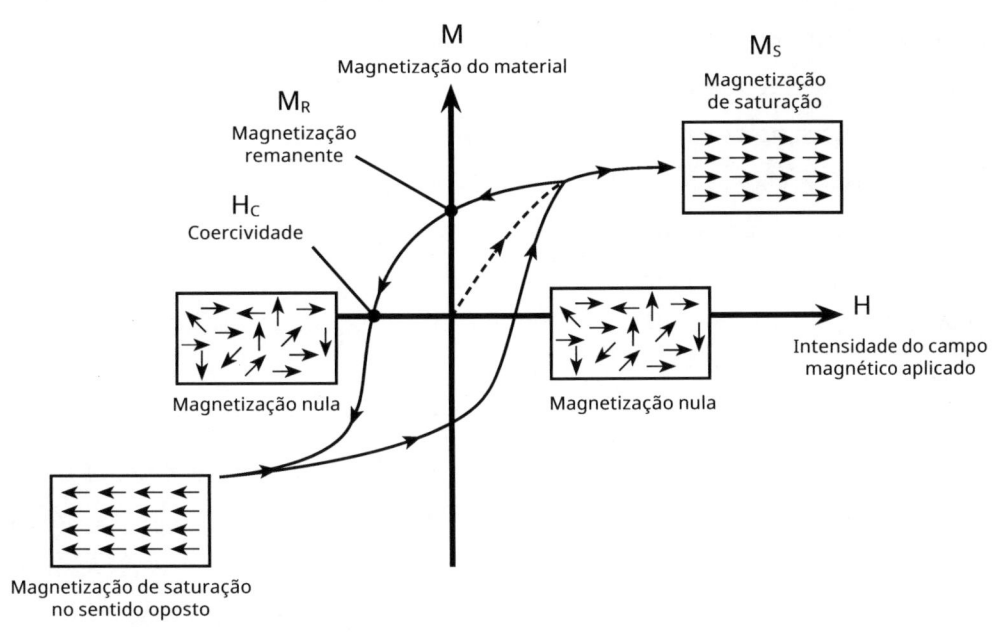

M — Magnetização do material
M_S — Magnetização de saturação
M_R — Magnetização remanente
H_C — Coercividade
Magnetização nula
Magnetização nula
H — Intensidade do campo magnético aplicado
Magnetização de saturação no sentido oposto

Fonte: Adaptado de Santos, 2007.

Quando não há campo magnético externo aplicado ao material $|\vec{H}| = 0$ (centro do gráfico), a magnetização é nula; no entanto, ao aplicarmos um campo magnético ao material $\vec{H} > 0$, a magnetização não aumenta linearmente. Como vimos na Figura 10.4, a magnetização aumenta até o ponto de saturação quando todos os dipolos magnéticos do material estiverem alinhados com o campo magnético aplicado. Quando diminuirmos o módulo do campo magnético até termos novamente $|\vec{H}| = 0$, ainda haverá magnetização no material em virtude da "inércia" dos dipolos magnéticos em se voltarem a uma distribuição aleatória; essa magnetização é chamada de *magnetização remanente M_R*. Quando aplicamos um campo magnético com sentido contrário ao da primeira situação, $\vec{H} < 0$, a magnetização continuará a diminuir até voltar a ser nula. Nessa situação, existirá um campo atuando sobre o material. O valor de $\vec{H}$, nesse caso, é chamado de *coercividade*. Se o módulo do campo magnético continuar a aumentar, o material chegará novamente em uma magnetização de saturação, mas agora no sentido oposto. Se o módulo do campo magnético começar a reduzir, ocorrerá o mesmo processo descrito para o campo orientado no sentido oposto e, assim, teremos a repetição do ciclo.

Esse atraso da magnetização (*histerese*, em grego, significa "atraso") com relação à ação do campo magnético está relacionado às fortes interações dos domínios magnéticos presentes

Magnetismo em meios materiais

no material ferromagnético, os quais não são alterados de forma imediata pela ação do campo magnético externo.

Como afirmamos desde o início deste capítulo, essa é uma simples e resumida apresentação de toda a rica área de estudo sobre materiais magnéticos, aos quais diversos pesquisadores dedicam suas vidas para maiores informações nessa área de grande aplicação tecnológica[iv].

Síntese

Os fenômenos magnéticos na matéria são compreendidos atualmente por meio da representação microscópica das correntes atômicas.

Na atual teoria para explicar os fenômenos magnéticos, os materiais são divididos em três categorias: paramagnéticos, diamagnéticos e ferromagnéticos.

Os paramagnéticos são aqueles atraídos fracamente por um polo magnético. De acordo com a teoria, os átomos desses materiais apresentam momento de dipolo magnético que tende a se alinhar com o campo magnético externo, tendência denominada *magnetização*. A Lei de Curie descreve parcialmente esse comportamento.

Os diamagnéticos, por sua vez, são repelidos fracamente se expostos à ação de um ímã de intensidade elevada. Segundo a teoria, os átomos desses materiais não apresentam momento de dipolo magnético, mas, pela Lei de Lenz, pode ser induzido um momento de dipolo com orientação contrária ao campo externo.

Por fim, os ferromagnéticos apresentam intensas interações magnéticas e sua magnetização prevalece durante muito tempo quando em determinadas condições de temperatura. O processo de magnetização apresenta características específicas.

Atividades de autoavaliação

1. Por qual razão os fenômenos magnéticos da matéria não podem ser totalmente explicados utilizando-se o conceito de dipolos magnéticos microscópicos?
   a) Porque depende da orientação dos dipolos.
   b) Por causa da influência da temperatura na orientação dos dipolos.
   c) Em virtude de os dipolos serem muito aleatórios.
   d) Porque os fenômenos de alinhamento dos dipolos apresentam comportamento quântico.

2. Se todo o átomo pode ser entendido como um microímã, podemos dizer que todos os elementos da natureza são magnéticos?
   a) Não, pois alguns átomos não se comportam dessa forma.
   b) Não, pois a orientação dos dipolos magnéticos dos átomos pode se cancelar mutuamente.

---
iv No *site* da Universidade do Colorado é possível ver os aplicativos que apresentam o magnetismo na matéria. Será uma atividade muito interessante.

c) Sim. A uma dada temperatura, todos os materiais são magnéticos.

d) Sim. Esta é a melhor explicação usada atualmente.

3. Marque a alternativa que indica as duas mais importantes características do paramagnético:

   a) Não há necessidade de campo magnético externo e não é sensível à temperatura.
   b) Não há necessidade de campo magnético externo e é sensível à temperatura.
   c) Há necessidade de campo magnético externo e não é sensível à temperatura.
   d) Há necessidade de campo magnético externo e é sensível à temperatura.

4. Marque a alternativa que apresenta as principais características dos materiais diamagnéticos:

   a) Apresentam intensos campos magnéticos orientados contrariamente a um campo magnético externo.
   b) Apresentam intensos campos magnéticos orientados no mesmo sentido de um campo magnético externo.
   c) Apresentam campos magnéticos fracos orientados contrariamente a um campo magnético externo.
   d) Apresentam campos magnéticos fracos orientados no mesmo sentido de um campo magnético externo.

5. Sobre os materiais ferromagnéticos, podemos afirmar:

   a) São os materiais magnéticos mais comuns e sua explicação é feita totalmente com base na mecânica clássica em nível microscópico.
   b) São os materiais magnéticos mais raros e sua explicação é feita totalmente com base na mecânica clássica em nível microscópico.
   c) São os materiais magnéticos mais comuns e sua explicação é feita totalmente com base na mecânica quântica em nível microscópico.
   d) São os materiais magnéticos mais raros e sua explicação é feita totalmente com base na mecânica quântica em nível microscópico.

Atividades de aprendizagem

Questões para reflexão

1. Muitas aplicações fantásticas dos materiais magnéticos foram obtidas nos últimos anos. Uma delas foi a levitação, que discutimos neste capítulo. Nesta atividade, procure três expectativas tecnológicas relacionadas ao magnetismo nos anos de 1930 e como elas se apresentam hoje.

Magnetismo em meios materiais

2. Com os dados da questão anterior, crie hipóteses para os sucessos e os fracassos das expectativas tecnológicas levantadas. Você também pode discutir com seus colegas sobre as novas proposições e como elas estarão daqui a cem anos.

Atividade aplicada: prática

Compreender o magnetismo no nível atômico é uma das grandes dificuldades na engenharia dos materiais hoje. Um exemplo muito interessante é o efeito que certos materiais ferromagnéticos exercem na resistividade elétrica de dispositivos eletroeletrônicos, a chamada *magnetorresistência gigante*. O pesquisador brasileiro Mário Baibich conseguiu caracterizar e apresentar uma boa explicação teórica para esse efeito. Pesquise o trabalho de Baibich e o apresente a seus colegas com discussões sobre as ideias apresentadas neste capítulo.

Exercícios[v]

1. Forneça três razões que façam acreditar ser o fluxo magnético da Terra maior nos limites da Argentina do que no Maranhão.

2. Usando os valores do momento angular de *spin* S e do momento magnético de *spin* μ_s para um elétron livre, obtenha a expressão:
$$\mu_s = \frac{e}{m} S$$

3. Uma carga q está distribuída uniformemente em torno de um fino anel de raio r. O anel gira com velocidade angular ω em torno do eixo central ortogonal ao seu plano.

   a) Mostre que o momento magnético devido à carga em rotação é dado por:
   $$\mu = \frac{q \omega r^2}{2}$$

   b) Qual é a direção e o sentido desse momento magnéticos e a carga é positiva?

4. No modelo de Bohr para o átomo de hidrogênio, o raio a_0 da primeira órbita circular do elétron é dado pela condição de quantização L = ℏ, em que ℏ = 1,06 · 10⁻³⁴ J·s, e L é a magnitude do momento angular do elétron em relação ao núcleo (próton).

   a) Usando essa condição, demonstre que $a_0 = \frac{4\pi \hbar \varepsilon_0}{me^2}$, em que *m* e *e* são as magnitudes da massa e da carga do elétron, respectivamente. Calcule o valor de a_0.

   b) Calcule a intensidade de corrente i associada ao movimento do elétron na sua órbita.

---

v Dados: Magnéton de Bohr $\mu_B = 9,27 \cdot 10^{-24}$ J/T.

c) Calcule a magnitude do campo magnético produzido por essa corrente na posição do núcleo.

d) Calcule a magnitude μB do momento de dipolo magnético associado à corrente (magnéton de Bohr) e mostre que $\dfrac{\mu B}{L} = \dfrac{e}{2m}$ (razão giromagnética clássica). Obtenha o valor numérico de μB.

5. Usando a definição de magnetização, demonstre que sua unidade deve ser dada por:
$$|\vec{M}| = \dfrac{|\vec{B}|}{\mu_0}$$

6. O campo magnético da Terra pode ser aproximado, como o campo de um dipolo magnético, com as componentes horizontal e vertical, num ponto a uma distância r qualquer do centro da Terra, dadas por:
$$\vec{B}_h = \dfrac{m\mu_0}{4\pi r^3} \cos(\lambda_m)\,\hat{i}, \quad \vec{B}_v = \dfrac{m\mu_0}{2\pi r^3} \operatorname{sen}(\lambda_m)\,\hat{j}$$

Em que λ_m é a latitude magnética. O momento de dipolo magnético é $m = 8{,}0 \cdot 10^{22}$ $A \cdot m^2$.

a) Calcule o módulo do campo magnético em uma dada latitude λ_m.

b) Encontre a relação entre a inclinação do campo magnético $\varnothing_i$ e a latitude magnética em um ponto i qualquer.

7. Levando-se em conta que uma corrente I_m que passa por uma região de área dS gerará um momento de dipolo magnético (como discutimos no caso da espira), use a ideia de que cada átomo pode ser entendido como uma espira e encontre a seguinte expressão para a corrente intrínseca do material, I_m:
$$I_m = \oint \vec{M} \cdot d\vec{L}$$

8. Um gás paramagnético, cujos átomos apresentam um momento de dipolo de 1,0 magnéton de Bohr, é colocado num campo externo de 1,5 T. Considerando uma temperatura ambiente ($T = 250$ K), calcule e compare os valores de U_T, a energia cinética média de translação (com valor de $3Kt/2$, em que K é a constante de Boltzman da Termodinâmica) e da energia magnética $U_B = 2\,\mu B$.

9. O momento de dipolo associado a um átomo de ferro vale $2{,}1 \cdot 10^{-23}$ J/T. Suponha que estão alinhados os momentos de dipolo de todos os átomos de uma barra de ferro de 5,0 cm de comprimento e 1 cm^2 de seção reta.

a) Qual é o momento de dipolo da barra?

b) Que torque deve ser exercido para manter essa barra perpendicular a um campo magnético externo de 1,5 T? A densidade do ferro é 7,9 g/cm^3.

Magnetismo em meios materiais

10. Encontre o módulo da intensidade de campo magnético no interior de um material para o qual:

   a) a densidade de fluxo magnético é 4 mWb/m² e a permeabilidade relativa é 1,008;

   b) a suscetibilidade magnética é −0,006 e a magnetização é 19 A/m;

   c) temos $8,1 \cdot 10^{28}$ átomos/m³, cada átomo apresentando um momento de dipolo de $4 \cdot 10^{-30}$ A·m² e $\chi_m = 10^{-4}$.

Considerações finais

Após discutirmos os assuntos tratados nesta obra, destacamos que o conhecimento físico não é conclusivo nem fechado a novas ideias. Ao longo da história, as comprovações de alguns fenômenos físicos somente tiveram sucesso devido às muitas abstrações que foram construídas pelos pesquisadores e que hoje parecem banais. Assim, os diversos experimentos que apresentamos são esforços para demonstrar que a física é uma ciência prioritariamente experimental, conectada com a realidade.

Porém, se muitos dos conceitos que descrevemos continuam obscuros no momento de aplicá-los na resolução de problemas relacionados à eletricidade e ao magnetismo, não desanime, prezado leitor. Apesar de complexos, esses assuntos são facilmente compreendidos conforme forem aplicados em mais experimentos, sobretudo os relacionados à teoria de circuitos, à lógica de programação, à automação ao controle, entre outros.

Como indicação de aprofundamento e para instigar a busca por mais respostas, sugerimos a leitura de outras obras sobre as propriedades do eletromagnetismo, como o Curso de física básica: eletromagnetismo, do professor brasileiro Herch Moysés Nussenszveig (2003) ou o livro Eletrodinâmica, do professor norte-americano David Jeffrey Griffiths (2003), que fornecem explicações mais aprofundadas sobre os fenômenos analisados. Para aqueles que quiserem ir além e compreender os fatos históricos que envolvem a competição entre duas teorias distintas para a explicação da natureza, recomendamos a leitura do livro Eletrodinâmica de Weber, do também professor brasileiro André Koch Torres Assis (1995).

Por fim, ressaltamos que, não obstante os primeiros contatos com a física possam parecer demasiadamente difíceis, essa ciência nos ajuda em nosso dia a dia a resolver problemas comuns, a fazer previsões importantes e a organizar o pensamento técnico-científico. Por isso, nossa última sugestão é: experimente! A física, acima de tudo, é nossa aliada.

Referências

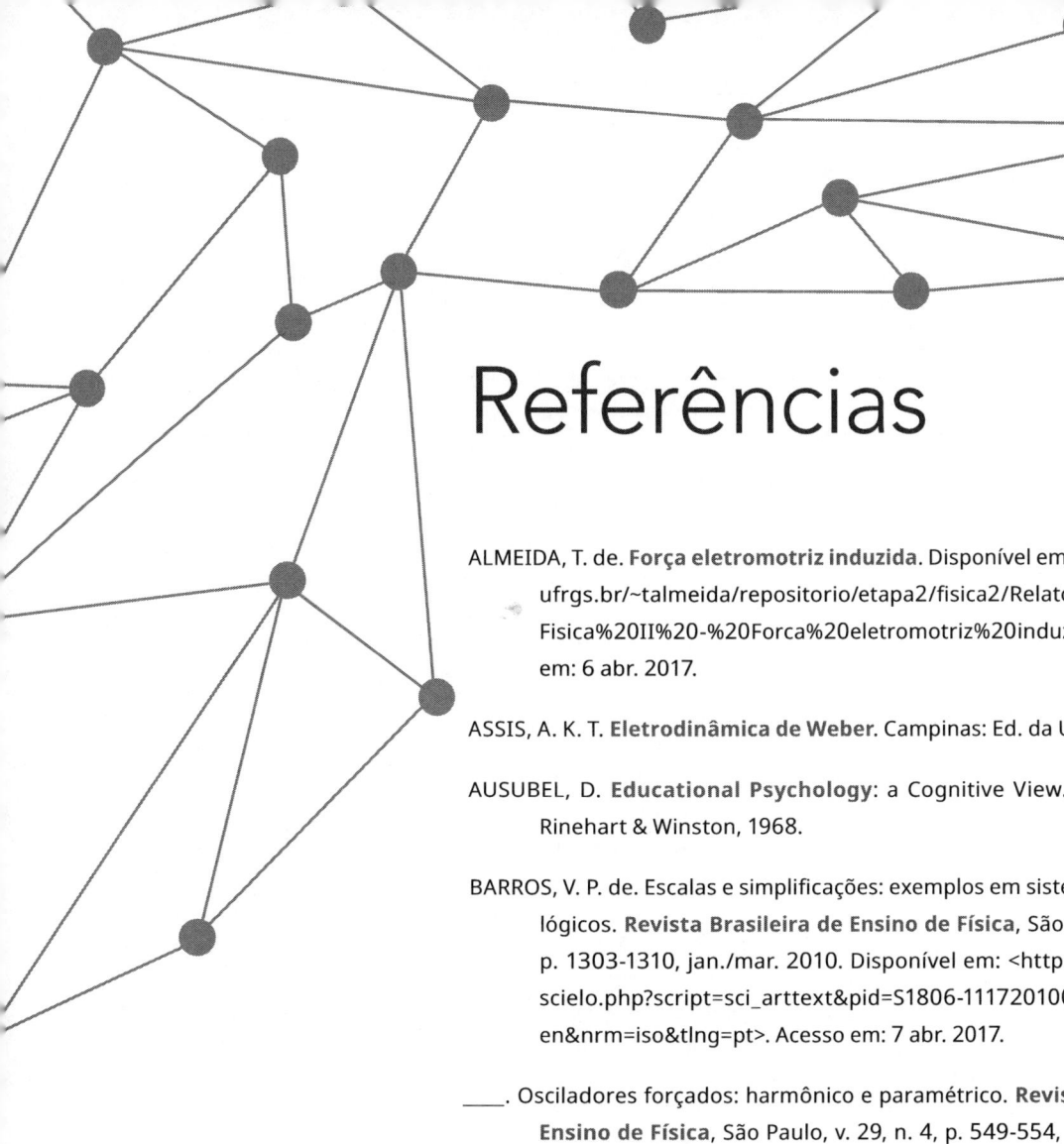

ALMEIDA, T. de. **Força eletromotriz induzida**. Disponível em: <http://www.inf.ufrgs.br/~talmeida/repositorio/etapa2/fisica2/Relatorio%20Final%20Fisica%20II%20-%20Forca%20eletromotriz%20induzida.pdf>. Acesso em: 6 abr. 2017.

ASSIS, A. K. T. **Eletrodinâmica de Weber**. Campinas: Ed. da Unicamp, 1996.

AUSUBEL, D. **Educational Psychology**: a Cognitive View. New York: Holt, Rinehart & Winston, 1968.

BARROS, V. P. de. Escalas e simplificações: exemplos em sistemas físicos e biológicos. **Revista Brasileira de Ensino de Física**, São Paulo, v. 32, n. 1, p. 1303-1310, jan./mar. 2010. Disponível em: <http://www.scielo.br/scielo.php?script=sci_arttext&pid=S1806-11172010000100003&lng=en&nrm=iso&tlng=pt>. Acesso em: 7 abr. 2017.

____. Osciladores forçados: harmônico e paramétrico. **Revista Brasileira de Ensino de Física**, São Paulo, v. 29, n. 4, p. 549-554, 2007. Disponível em: <http://www.scielo.br/scielo.php?script=sci_arttext&pid=S1806-11172007000400013&lng=en&nrm=iso&tlng=pt>. Acesso em: 7 abr. 2017.

BATERÍAS de Condensadores. **Valores comerciales de capacitores**. 23 abr. 2015. Disponível em: <http://www.bateriasdecondensadores.com/valores-comerciales-de-capacitores/>. Acesso em: 8 maio 2017.

BOYCE, W. E.; DIPRIMA, R. C. **Equações diferenciais e problemas de valores de contorno**. 3. ed. Rio de Janeiro: Guanabara Dois, 1979.

BOYLESTAD, R. L. **Introdução à análise de circuitos**. 12. ed. São Paulo: Pearson Prentice Hall, 2011.

BROWN, D. A. Creative Concept Mapping. **The Science Teacher**, v. 69, n. 3, p. 58-61, Mar. 2002.

CHEVALLARD, Y. **La transposition didactique**: du savoir savant au savoir enseigné. Grenoble: La Pensée Sauvage, 1991.

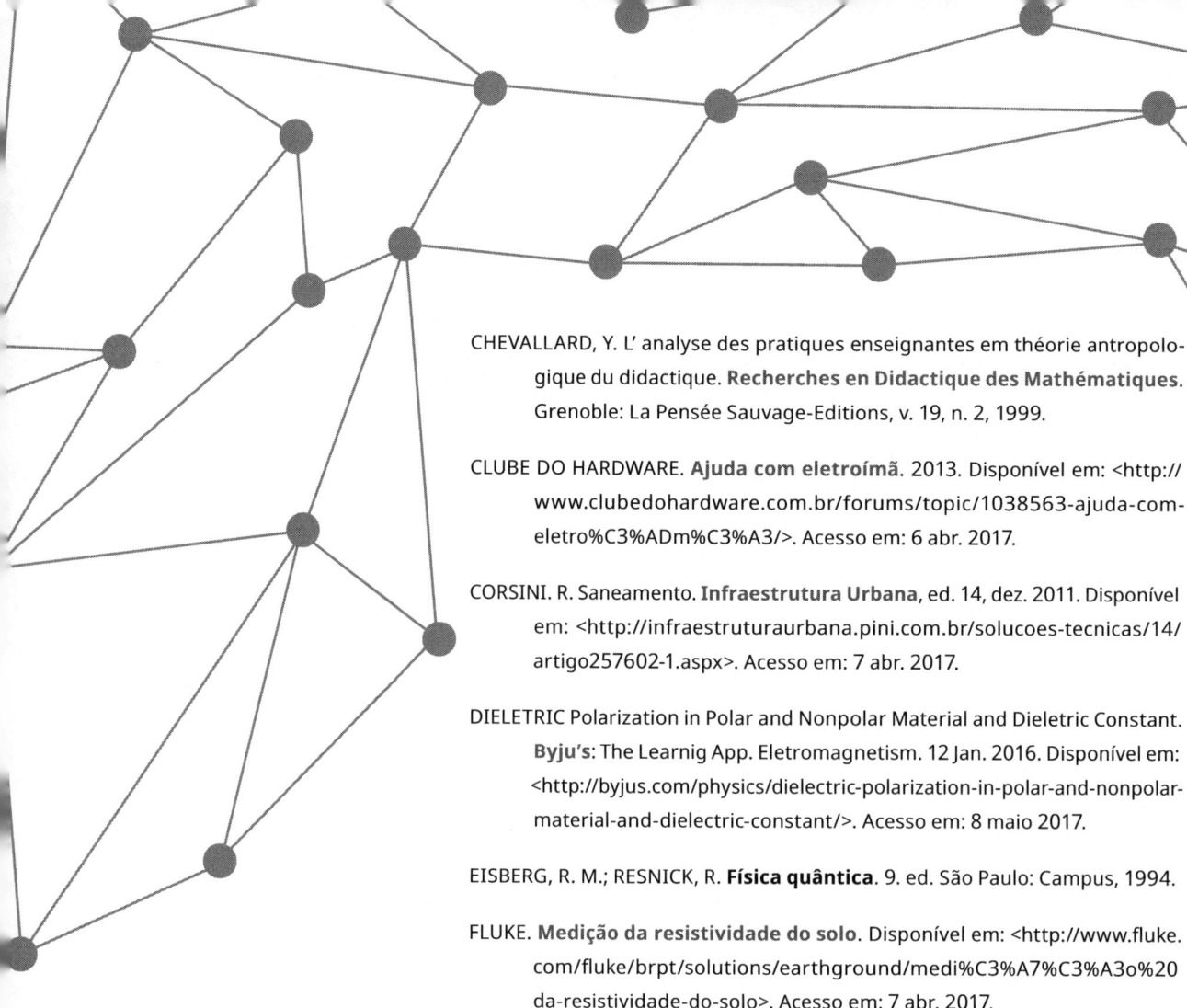

CHEVALLARD, Y. L' analyse des pratiques enseignantes em théorie antropologique du didactique. **Recherches en Didactique des Mathématiques**. Grenoble: La Pensée Sauvage-Editions, v. 19, n. 2, 1999.

CLUBE DO HARDWARE. **Ajuda com eletroímã**. 2013. Disponível em: <http://www.clubedohardware.com.br/forums/topic/1038563-ajuda-com-eletro%C3%ADm%C3%A3/>. Acesso em: 6 abr. 2017.

CORSINI. R. Saneamento. **Infraestrutura Urbana**, ed. 14, dez. 2011. Disponível em: <http://infraestruturaurbana.pini.com.br/solucoes-tecnicas/14/artigo257602-1.aspx>. Acesso em: 7 abr. 2017.

DIELETRIC Polarization in Polar and Nonpolar Material and Dieletric Constant. **Byju's**: The Learnig App. Eletromagnetism. 12 Jan. 2016. Disponível em: <http://byjus.com/physics/dielectric-polarization-in-polar-and-nonpolar-material-and-dielectric-constant/>. Acesso em: 8 maio 2017.

EISBERG, R. M.; RESNICK, R. **Física quântica**. 9. ed. São Paulo: Campus, 1994.

FLUKE. **Medição da resistividade do solo**. Disponível em: <http://www.fluke.com/fluke/brpt/solutions/earthground/medi%C3%A7%C3%A3o%20da-resistividade-do-solo>. Acesso em: 7 abr. 2017.

GOLDMAN, C.; LOPES, E.; ROBILOTTA, M. R. Um pouco de luz na lei de Gauss. **Revista de Ensino de Física**, v. 3, n. 3, p. 3-15, 1981.

GRIFFITHS, D. J. **Eletrodinâmica**. São Paulo: Pearson, 2003.

HALLIDAY, D.; RESNICK, R. **Fundamentos de física**: eletromagnetismo. Rio de Janeiro: LTC, 1994. v. 3.

HALLIDAY, D.; RESNICK, R.; WALKER, J. **Fundamentos de física**: eletromagnetismo. Rio de Janeiro: LTC, 1999. v. 3.

HAYT, W. H. **Eletromagnetismo**. 3. ed. Rio de Janeiro: LTC, 1991.

IGM – Instituto Goiano de Matemática. **Coordenadas cilíndricas**. 2010. Disponível em: <http://www.igm.mat.br/aplicativos/index.php?option=com_content&view=article&id=282%3Acoordcilindricas&catid=54%3Acoordeadas3&Itemid=74>. Acesso em: 7 abr. 2017.

JAYNES, E. T. **Probability Theory**: the Logic of Science. Cambridge: Cambridge University Press, 2003.

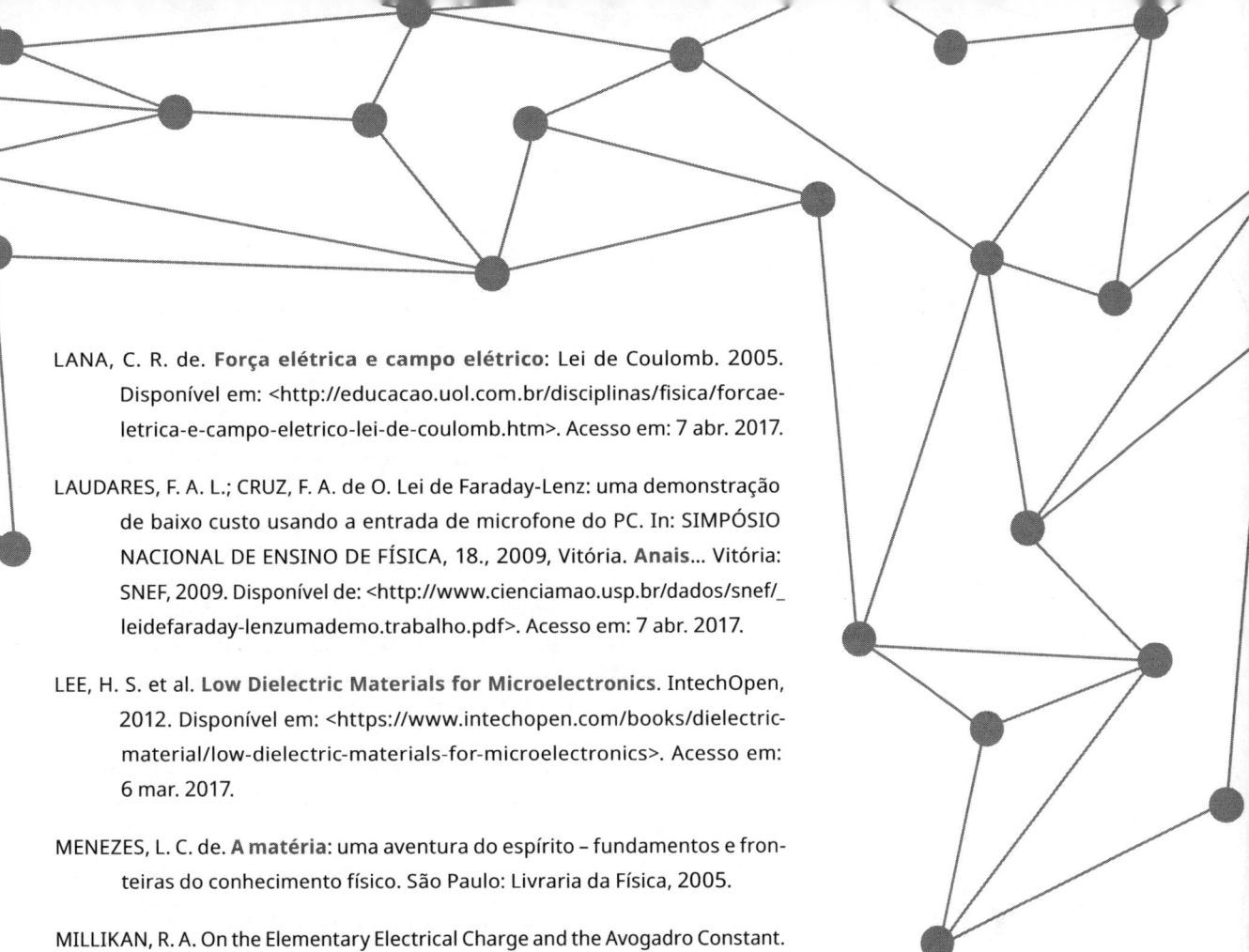

LANA, C. R. de. **Força elétrica e campo elétrico**: Lei de Coulomb. 2005. Disponível em: <http://educacao.uol.com.br/disciplinas/fisica/forcae-letrica-e-campo-eletrico-lei-de-coulomb.htm>. Acesso em: 7 abr. 2017.

LAUDARES, F. A. L.; CRUZ, F. A. de O. Lei de Faraday-Lenz: uma demonstração de baixo custo usando a entrada de microfone do PC. In: SIMPÓSIO NACIONAL DE ENSINO DE FÍSICA, 18., 2009, Vitória. **Anais**... Vitória: SNEF, 2009. Disponível de: <http://www.cienciamao.usp.br/dados/snef/_leidefaraday-lenzumademo.trabalho.pdf>. Acesso em: 7 abr. 2017.

LEE, H. S. et al. **Low Dielectric Materials for Microelectronics**. IntechOpen, 2012. Disponível em: <https://www.intechopen.com/books/dielectric-material/low-dielectric-materials-for-microelectronics>. Acesso em: 6 mar. 2017.

MENEZES, L. C. de. **A matéria**: uma aventura do espírito – fundamentos e fronteiras do conhecimento físico. São Paulo: Livraria da Física, 2005.

MILLIKAN, R. A. On the Elementary Electrical Charge and the Avogadro Constant. **Physical Review**, v. 32, p. 349-397, 1911. Disponível em: <http://authors.library.caltech.edu/6438/1/MILpr13b.pdf>. Acesso em: 7 abr. 2017.

MOREIRA, M. A.; PINTO, A. de O. Dificuldades dos alunos na aprendizagem da Lei de Ampère, à luz da teoria dos modelos mentais de Johnson-Laird. **Revista Brasileira de Ensino de Física**, v. 25, n. 3, set. 2003. Disponível em: <http://www.scielo.br/pdf/rbef/v25n3/a09v25n3.pdf>. Acesso em: 7 abr. 2017.

MSPC. **Eletromagnetismo II-60**. Disponível em: <http://www.mspc.eng.br/elemag/eletrm0260.shtml>. Acesso em: 7 abr. 2017.

MUNDO da elétrica. **Código de cores de resistores**. Disponível em: <https://www.mundodaeletrica.com.br/codigo-de-cores-de-resistores/>. Acesso em: 7 abr. 2017.

NUNES, L. P. **Proteção catódica e anódica**. Rio de Janeiro: LTC, 1990.

NUSSENZVEIG, H. M. **Curso de física básica**: eletromagnetismo. São Paulo: Edgard Blücher, 2003. v. 3.

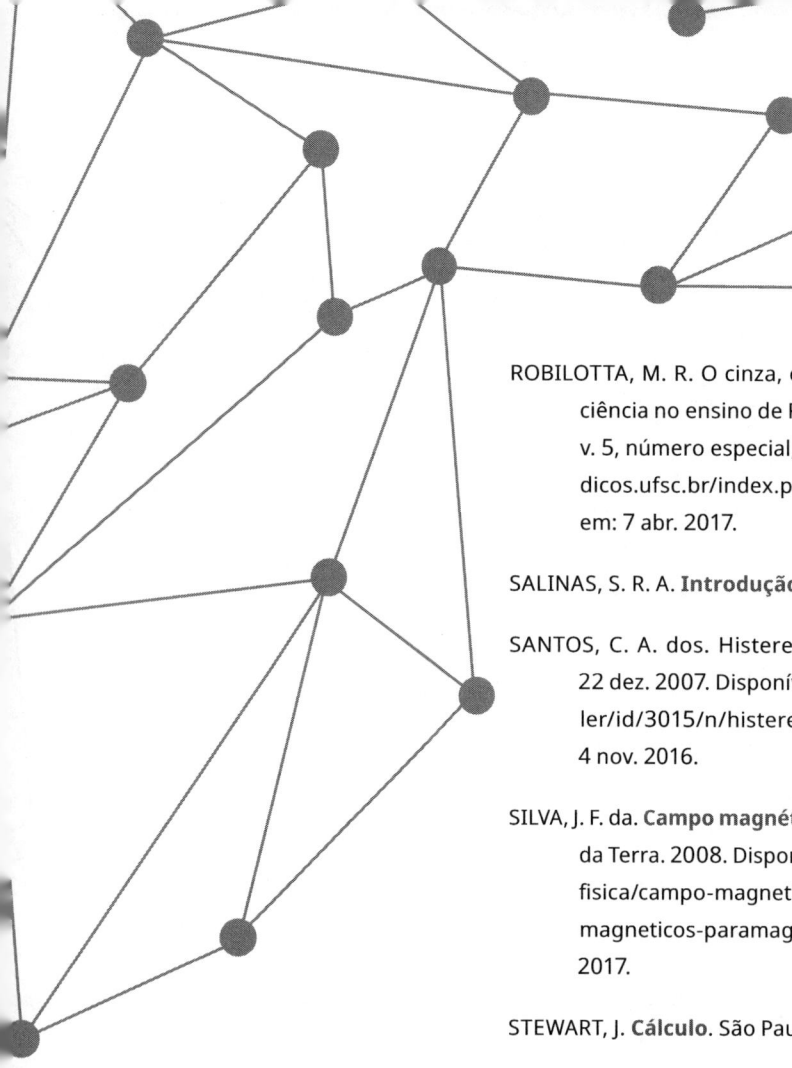

ROBILOTTA, M. R. O cinza, o branco e o preto: da relevância da história da ciência no ensino de Física. **Caderno Catarinense de Ensino de Física**, v. 5, número especial, p. 7-22, jun. 1988. Disponível em: <https://periodicos.ufsc.br/index.php/fisica/article/viewFile/10071/14902>. Acesso em: 7 abr. 2017.

SALINAS, S. R. A. **Introdução à física estatística**. São Paulo: Edusp, 1999.

SANTOS, C. A. dos. Histerese magnética: perdas e ganhos. **Ciência Hoje**, 22 dez. 2007. Disponível em: <http://www.cienciahoje.org.br/noticia/v/ler/id/3015/n/histerese_magnetica:_perdas_e_ganhos>. Acesso em: 4 nov. 2016.

SILVA, J. F. da. **Campo magnético**: mapeamento – polos magnéticos de um ímã e da Terra. 2008. Disponível em: <http://educacao.uol.com.br/disciplinas/fisica/campo-magnetico-dominios-e-desmagnetizacao-materiaisferro magneticos-paramagneticos-e-diamagneticos.htm>. Acesso em: 7 abr. 2017.

STEWART, J. **Cálculo**. São Paulo: Thomson Learning, 2006. v. 2.

SYMON, K. R. **Mecânica**. Tradução de Gilson Brand Batista. Rio de Janeiro: Campus, 1996.

TELES, L. K. **Notas de aula**: FIS32. 2008. Disponível em: <http://docplayer.com.br/1959470-Notas-de-aula-fis32-lara-kuhl-teles.html#show_full_text>. Acesso em: 7 abr. 2017.

TIPLER, P. A.; MOSCA, G. **Física para cientistas e engenheiros**. Rio de Janeiro: LTC, 2013.

UNESP – Universidade do Estado de São Paulo. **O experimento de Millikan**. Disponível em: <http://www.e-quimica.iq.unesp.br/index.php?Itemid=55&catid=36:videos&id=71:experimento-de-millikan&option=com_content&view=article>. Acesso em: 7 abr. 2017.

USP – Universidade de São Paulo. Disponível em: <http://fma.if.usp.br/~mlima/teaching/4320292_2012/Cap2.pdf>. Acesso em: 6 abr. 2017.

Bibliografia comentada

CHRISTY, R. W.; MILFORD, F. J.; REITZ, J. R. **Fundamentos da teoria eletromagnética**. 11. ed. Rio de Janeiro: Campus, 1982.

Trata-se de um livro clássico e ideal para quem procura compreender um pouco melhor os mecanismos matemáticos para os cálculos em eletromagnetismo.

FREEDMAN, R. A.; YOUNG, A. L. **Física III**: eletromagnetismo. Tradução de Sonia Midori Yamamoto. 12. ed. São Paulo: Addison Wesley, 2009. v. 3.

Esse curso traz muitos dos resultados do eletromagnetismo de forma contextualizada e dinâmica. Há um bom número de exercícios ideais para o autoestudo.

NUSSENZVEIG, H. M. **Curso de Física básica**: eletromagnetismo. São Paulo: Blücher, 2010. v. 3.

Um livro de referência para os primeiros anos nos cursos de graduação em Física. Há uma boa discussão dos resultados experimentais e dos desafios das áreas.

REGO, R. A. do. **Eletromagnetismo básico**. Rio de Janeiro: LTC, 2010.

Esse livro apresenta o assunto em linguagem simples e acessível e é indicado para o primeiro contato com a teoria eletromagnética. Conta com problemas práticos nas áreas de engenharia e física.

Respostas

Capítulo 1
Atividades de autoavaliação

1. c
2. d
3. d
4. c
5. c

Exercícios

1. $+3 \cdot 10^{-2}$ C
2. A esfera de raio 3 cm $+4,8 \cdot 10^{-2}$ C e esfera de raio 2 cm $+2,2 \cdot 10^{-2}$ C. A esfera de raio 3 cm $+4,2 \cdot 10^{-2}$ C e esfera de raio 2 cm $+2,8 \cdot 10^{-2}$ C
3. Cerca de 5,4 μN
4. $-F/8$
5. Resposta pessoal.
6. $F' = 27\ F$
7. λ^2
8. $[G] = \dfrac{Nm^2}{Kg^2}$; $[K] = \dfrac{Nm^2}{C^2}$

Capítulo 2
Atividades de autoavaliação

1. b
2. b
3. c
4. b
5. a

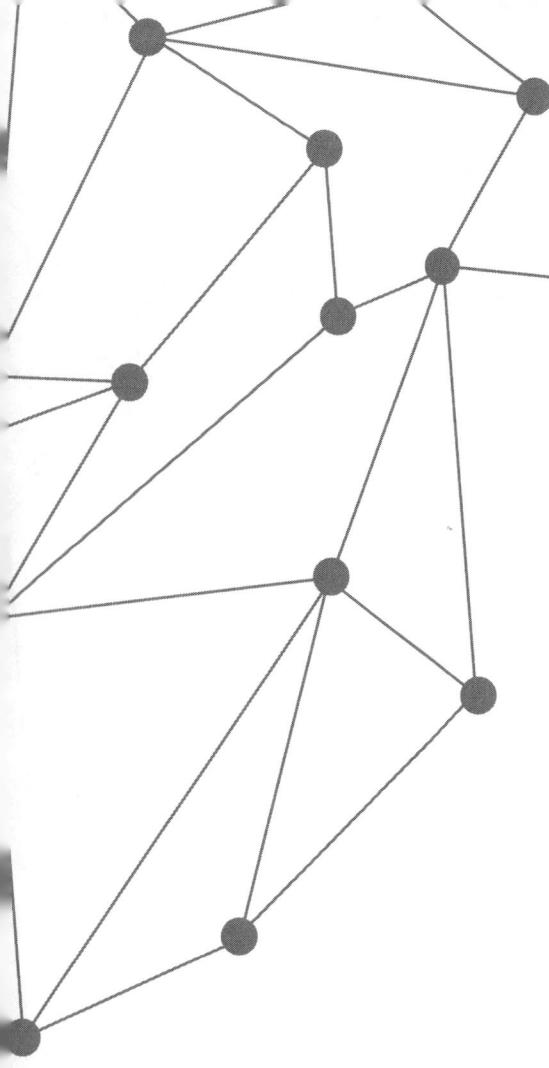

Exercícios

1.
   a) $|\vec{F}| = \dfrac{qQ}{r^2}$, sendo que r variará de 0 a "x".
   b) Chamando energia cinética de K, teremos K = Eqx, em que E é o módulo do campo elétrico.

2. $\vec{E} = \dfrac{\sigma}{2\pi\, y_0}\, \hat{y}$, sendo σ a densidade superficial de carga.

3. Analiticamente, a deflexão y será $y = \dfrac{Eex^2}{4K}$, em que x é a largura, E é o módulo do campo elétrico, K é a energia cinética e e é a carga do elétron. O valor será 0,034 cm.

4. $|p| = 5 \cdot 10^{-12}$ mC

5. $|\tau| = 1 \cdot 10^{-3}$ N · m

6.
   a) $\alpha = 8 \cdot 10^{-2}$ rad/s².
   b) 6 segundos.

7.
   a) 0
   b) $E = \pi r^2$, sendo r o raio do cilindro.

8. $|\vec{E}| = \dfrac{\sigma}{\epsilon_0}$

9. $\vec{E} = \dfrac{\lambda}{2\pi r_0}\, \hat{r}$, sendo λ a densidade linear de carga.

10. $tg(\theta) = \dfrac{qE}{mg}$, sendo E o campo elétrico.

Capítulo 3

Atividades de autoavaliação

1. b
2. c
3. b
4. c
5. d

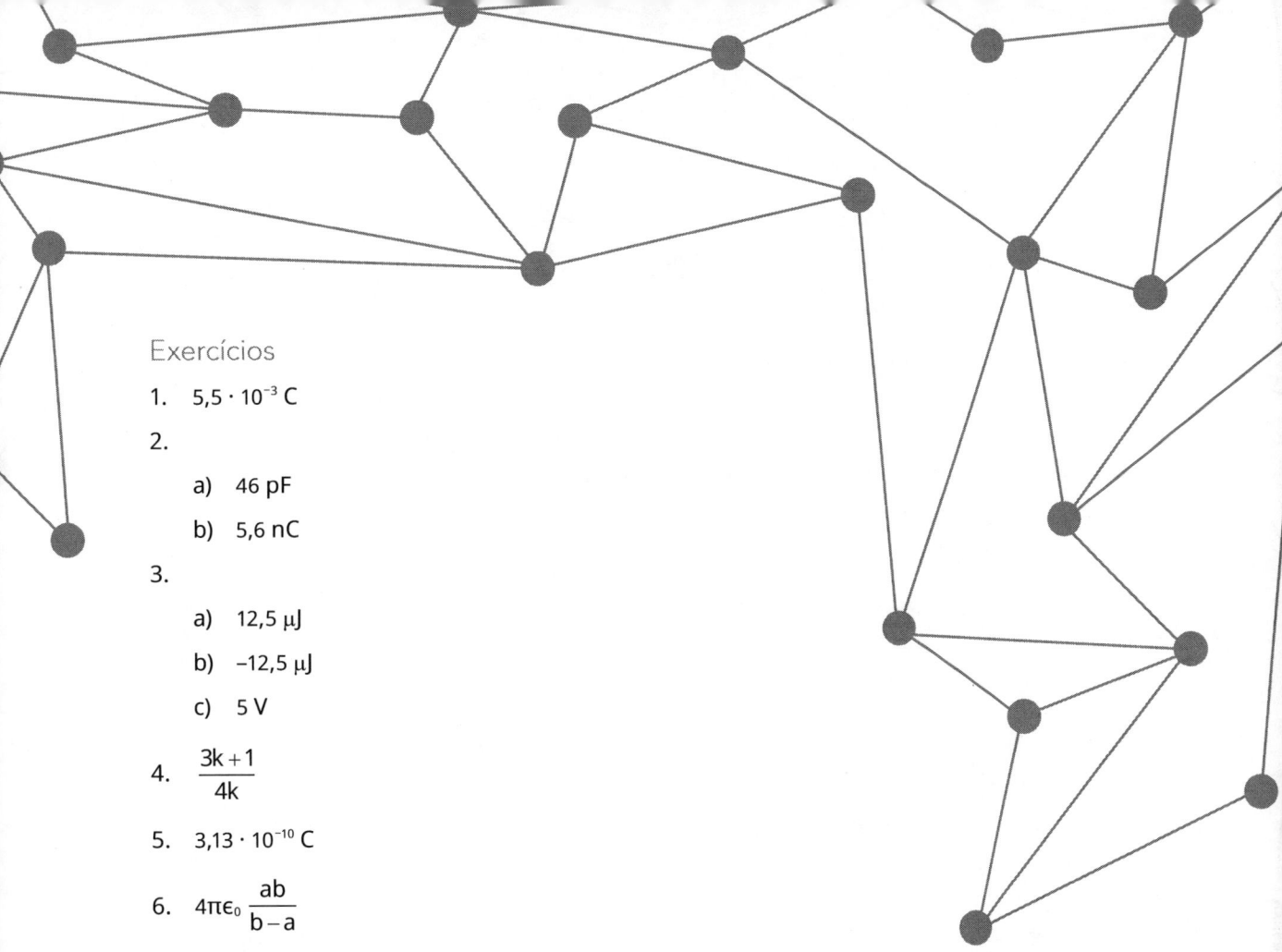

Exercícios

1. $5{,}5 \cdot 10^{-3}$ C

2.
   a) 46 pF
   b) 5,6 nC

3.
   a) 12,5 μJ
   b) −12,5 μJ
   c) 5 V

4. $\dfrac{3k+1}{4k}$

5. $3{,}13 \cdot 10^{-10}$ C

6. $4\pi\epsilon_0 \dfrac{ab}{b-a}$

7. $\dfrac{2\pi\,\epsilon_0}{\ln\left(\dfrac{b}{a}\right)}$

8. $\alpha = 4\pi\epsilon_0\, a^3$, sendo a o raio do átomo

9. $\vec{D} = \dfrac{\lambda}{2\pi r}\,\hat{r}$, para $r < a$

10. $V = \dfrac{Q}{4\pi}\left(\dfrac{1}{\epsilon_0 b} + \dfrac{1}{\epsilon a} - \dfrac{1}{\epsilon b}\right)$ e $\vec{P} = \dfrac{\epsilon_0\, XQ}{4\pi\,\epsilon r^2}\,\hat{r}$

Capítulo 4

Atividades de autoavaliação

1. a
2. b
3. b
4. b
5. c

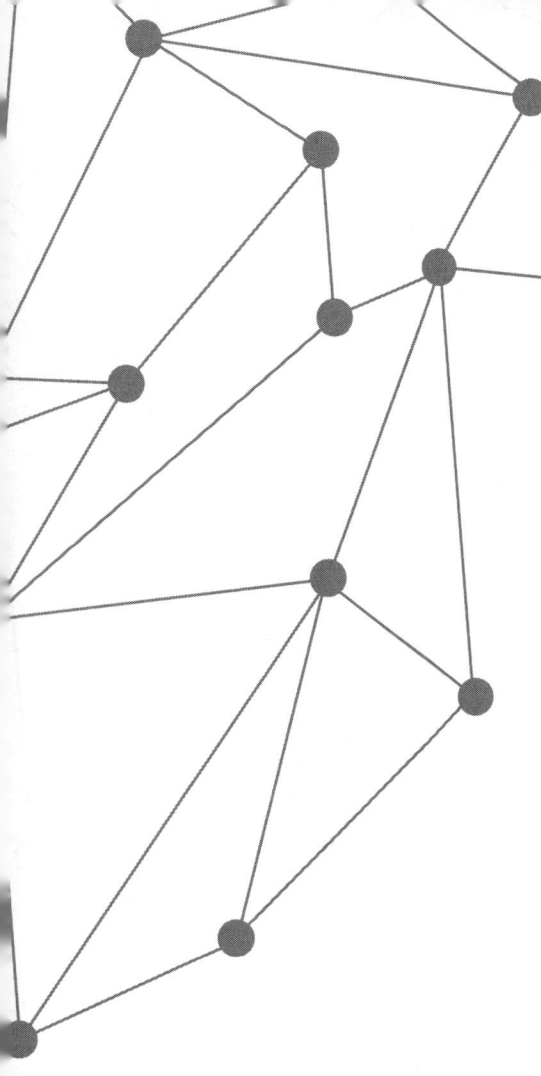

Exercícios

1. $5{,}09 \cdot 10^3 \text{ A/m}^2$
2. $3{,}125 \cdot 10^{16}$ elétrons por segundo.
4. A nova corrente deve ser 1/4 da antiga.
5.
    a) $\vec{J}_{Al} = 204 \text{ A/cm}^2$ e $\vec{J}_{cu} = 500 \text{ A/cm}^2$
    b) 0,37 mm/s
6. $i = 5{,}67 \cdot 10^{-7} \text{ A}$
8. $\sigma = 3{,}53 \cdot 10^{-14} \, (\Omega \cdot m)^{-1}$

Capítulo 5
Atividades de autoavaliação

1. e
2. b, c, d
3. V, V, F, V
4. c
5. a

Exercícios

1. 24,4 kΩ, os resistores de menor resistência são os mais significativos no sentido de determinar a resistência equivalente.
2.
    a) Nos resistores de R1 e R2 passará uma corrente de 0,488 mA; em R3 passará uma corrente de 0,012 mA.
    b) Em R1: 2,44 V; em R2: 9,56 V; R3: 12 V.
    c) $\dfrac{P_{R1}}{P_{R3}} = \dfrac{1{,}19 \text{ mJ}}{0{,}144 \text{ mJ}} = 8{,}26$; $\dfrac{P_{R2}}{P_{R3}} = \dfrac{4{,}76 \text{ mJ}}{0{,}144 \text{ mJ}} = 33$
3. R3 = 1,2 kΩ
4. $C_{eq} = 2{,}06 \, \mu\text{F}$

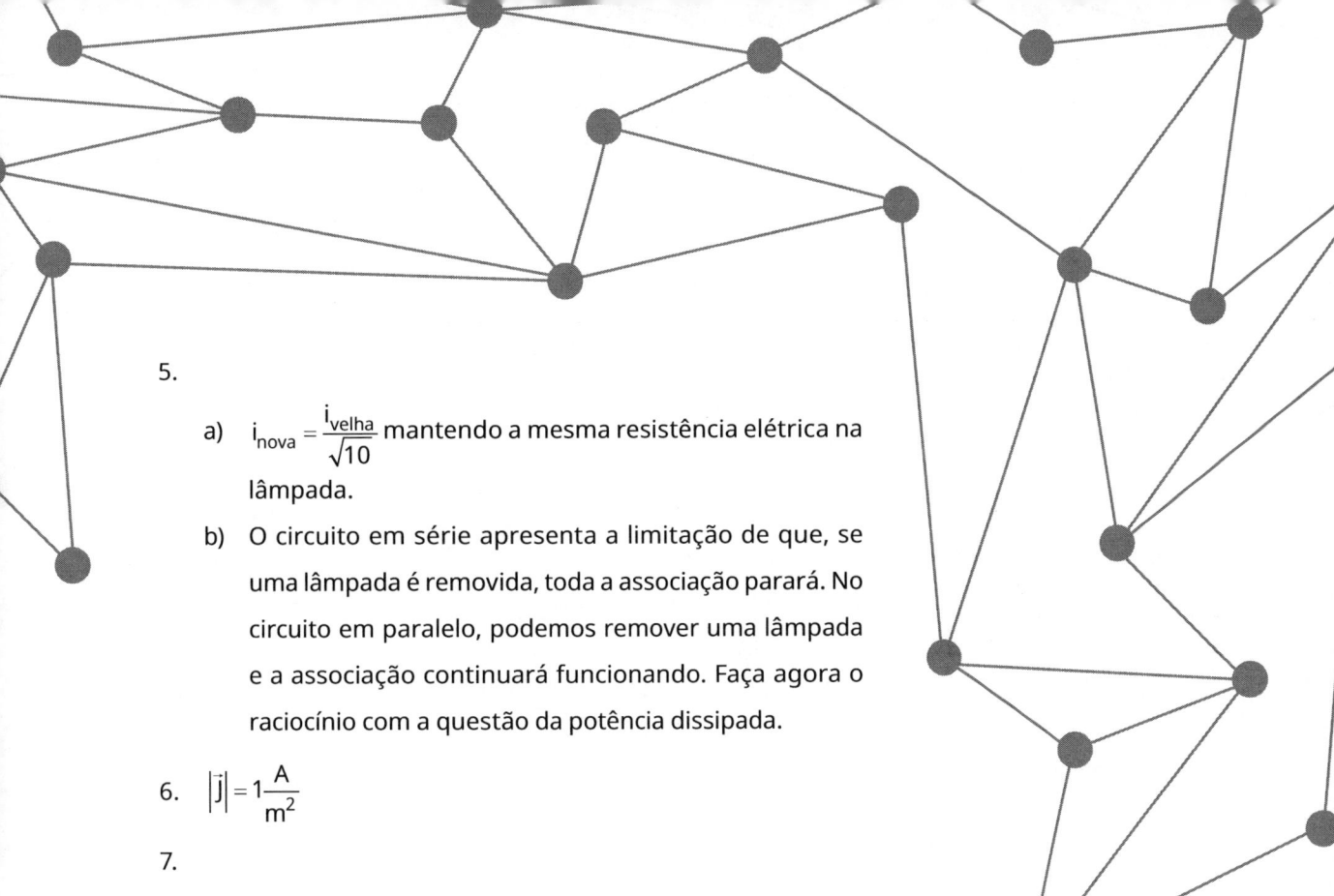

5.
   a) $i_{nova} = \dfrac{i_{velha}}{\sqrt{10}}$ mantendo a mesma resistência elétrica na lâmpada.

   b) O circuito em série apresenta a limitação de que, se uma lâmpada é removida, toda a associação parará. No circuito em paralelo, podemos remover uma lâmpada e a associação continuará funcionando. Faça agora o raciocínio com a questão da potência dissipada.

6. $|\vec{j}| = 1 \dfrac{A}{m^2}$

7.
   a) 0,396 MJ
   b) 0,314 MJ

9.
   a) 26 ms
   b) $I(t) = 1{,}15\ e^{\frac{-t10^3}{26}}$ mA

Existem diversos *softwares* para desenho de circuitos elétricos, alguns deles são simuladores que funcionam dentro do próprio navegador, um destes é o falstad[i]. Pesquise sobre esse *software* e tente colocar os exercícios aqui contidos para verificar os seus resultados.

Capítulo 6
Atividades de autoavaliação

1. c
2. a
3. d
4. d
5. c

---
i Disponível em: <http://www.falstad.com/circuit/>. Acesso em: 3 fev. 2017.

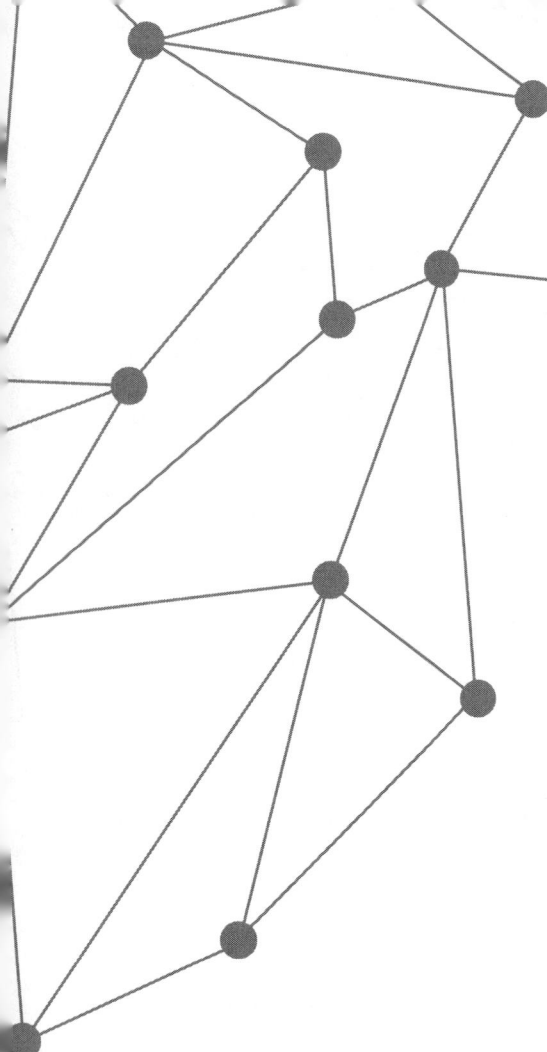

Exercícios

1. $7{,}43 \cdot 10^{-12}$ N

2.
   a) B
   b) Resposta pessoal.
   c) 0,43 keV

3.
   a) O campo elétrico está no plano do papel no sentido de cima para baixo.
   b) A corrente está saindo no plano do papel.
   c) A força elétrica está no plano do papel no sentido de cima para baixo.

4.
   a) 2 mN
   b) 0,8 mT

5. O sentido está correto i ≈ 2 A.

6. 8 T

Capítulo 7

Atividades de autoavaliação

1. c
2. c
3. c
4. a
5. b

Exercícios

3. $\vec{B} \; \dfrac{\mu_0 \, I \, a^2}{2(a^2 + z^2)^{\frac{3}{2}}} \, \hat{k}$

4. Para r > R temos $\vec{B} = \dfrac{\mu_0 \, I}{2\pi \, r} \, \hat{\theta}$. Para r < R temos $\vec{B} = \dfrac{\mu_0 \, I r}{2\pi \, R^2} \, \hat{\theta}$.

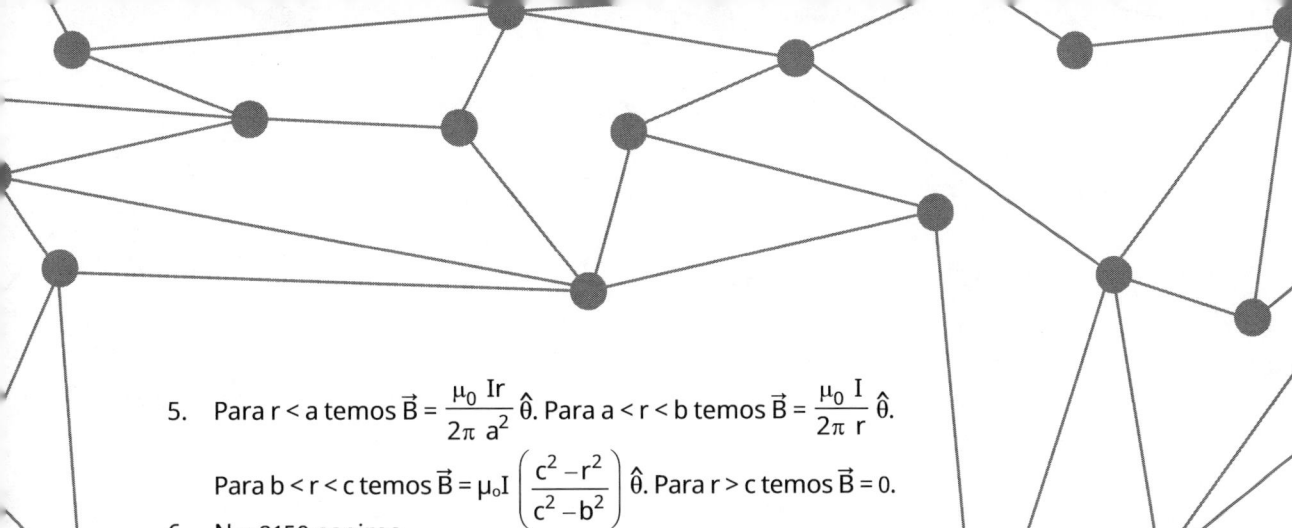

5. Para $r < a$ temos $\vec{B} = \dfrac{\mu_0}{2\pi} \dfrac{Ir}{a^2} \hat{\theta}$. Para $a < r < b$ temos $\vec{B} = \dfrac{\mu_0}{2\pi} \dfrac{I}{r} \hat{\theta}$.

   Para $b < r < c$ temos $\vec{B} = \mu_0 I \left(\dfrac{c^2 - r^2}{c^2 - b^2} \right) \hat{\theta}$. Para $r > c$ temos $\vec{B} = 0$.

6. $N \approx 2150$ espiras

7.
   a) $\Phi_B = 19\ \mu Wb$
   b) O fluxo só pode ser definido em uma área limitada. Se esta for definida nessa situação, o valor será nulo, já que o campo fora do solenoide é nulo.

8.
   a) Cerca de 8 cm.
   b) O raio do toroide é pouco maior do que o diâmetro deste, o que dificulta a construção.
   c) $\dfrac{N_s}{N_T} = \dfrac{L}{2\pi r} \dfrac{i_T}{i_s}$

9. 250 m

Capítulo 8

Atividades de autoavaliação

1. a
2. c
3. d
4. d
5. d

Exercícios

2. Para $r < R$ $|\vec{E}|_{ind} = \dfrac{r}{2} \dfrac{dB}{dt}$, para $r > R$ $|\vec{E}|_{ind} = \dfrac{R^2}{2r} \dfrac{dB}{dt}$

3. $\varepsilon = BLv \Rightarrow \varepsilon = \vec{B} \cdot (\vec{L} \times \vec{v})$

4. 2 mV

5. $\varepsilon = \dfrac{B\omega L^2}{2}$

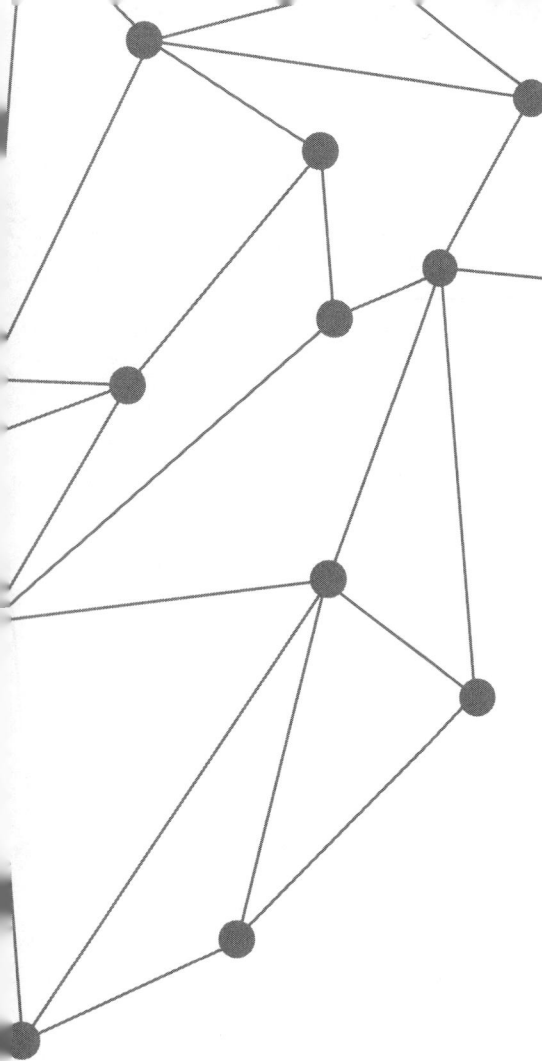

6.
 a) $V = \dfrac{\omega a^2 B}{2}$
 b) $\tau = \dfrac{I a^2 B}{2}$, $P = IV = \tau\omega$

8.
 a) $\varepsilon = Blv$
 b) $I = \dfrac{Blv}{R}$
 c) $\vec{F} = -\dfrac{B^2 l^2 v}{R}\hat{x}$
 d) $v(t) = v_0\, e^{-B^2 l^2 t/Rm}$

9.
 a) $\varepsilon = -Blv$
 b) $I = \dfrac{mg}{lB}$

Capítulo 9
Atividades de autoavaliação

1. a
2. b
3. c
4. a
5. b

Exercícios

4. $L = \dfrac{\mu_0}{2\pi}\ln\left(\dfrac{b}{a}\right)$

5.
 a) $L_{1,2} = \dfrac{\mu_0 N_1 N_2}{2\pi} h\ln\left(\dfrac{b}{a}\right)$
 b) 0,11 H

6. 2 mH

7. $0{,}69\, t_L$

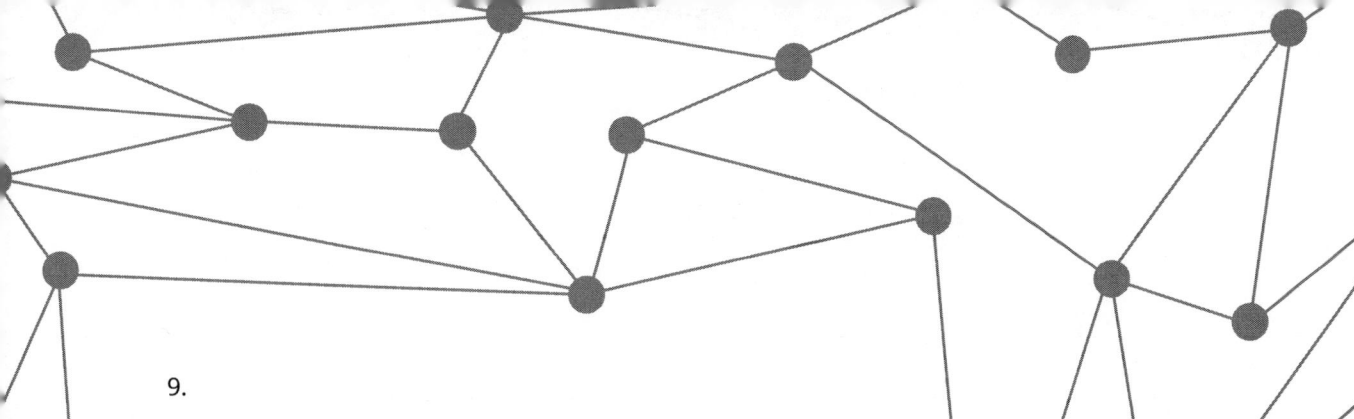

9.
   a) Nenhuma.
   b) $A_1 = \frac{VC}{2}\left[1 + \frac{\gamma}{2\omega_1}\right]$ e $A_1 = \frac{VC}{2} - \frac{\gamma}{2\omega_1}$

10.
   a) $P \approx 356$ mW
   b) $P \approx 225$ mW
   c) $P \approx 131$ mW

Capítulo 10

Atividade de autoavaliação

1. d
2. b
3. d
4. c
5. c

Exercícios

3.
   b) Na direção do eixo central que é ortogonal ao plano do anel e no sentido positivo.

4.
   a) $a_0 = 0{,}53 \cdot 10^{-10}$ m
   b) $i = \frac{e\hbar}{2\pi \, m \, a_0^2} \approx 1 \times 10^{-3}$ A

6.
   a) $|\vec{B}| = \frac{m\mu_0}{4\pi \, r^3} \sqrt{1 + 3 \sin(\lambda_m)}$
   b) $\tan(\phi_i) = 2 \tan(\lambda_m)$

8. $U_T = 6{,}2 \cdot 10^{-21}$ J $= 0{,}039$ eV e $U_B = 2{,}8 \cdot 10^{-23}$ J $= 1{,}7 \cdot 10^{-4}$ eV.

9.
   a) $8{,}9$ A $\cdot$ m^2
   b) 13 N $\cdot$ m

10.
   a) 3.160
   b) 3.170
   c) 3.240 A/m

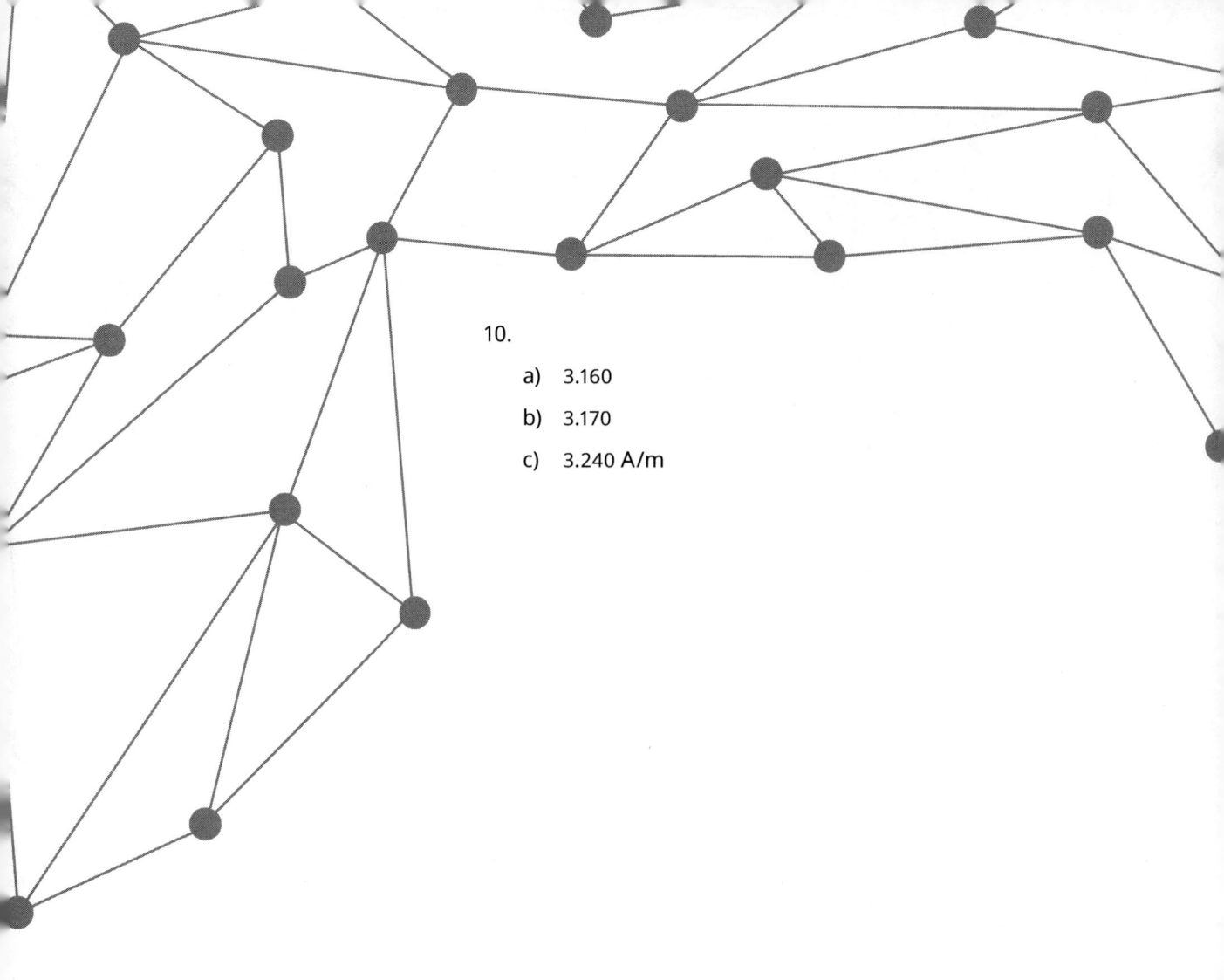

Sobre o autor

Vicente Pereira de Barros é técnico em Mecânica pelo Serviço Nacional de Aprendizagem Industrial (Senai), bacharel, licenciado, mestre e doutor em Física pela Universidade de São Paulo (USP). Sua dissertação de mestrado versou sobre cristalografia, e sua tese de doutorado, sobre física teórica. Durante o doutorado, realizou estágio sanduíche na Universität Augsburg, na Alemanha, pelo programa Deutscher Akademischer Austauschdienst (DAAD). Também realizou estudos de pós-doutoramento na Faculdade de Medicina Veterinária da USP.

Estagiou na Petrobras e trabalhou em instituições públicas e privadas como técnico em laboratório e como professor de Física. Atuou como docente na Universidade Federal da Bahia (UFBA) e, desde 2010, é docente de ensino técnico e tecnológico do Instituto Federal de São Paulo (IFSP), campus Itapetininga.

Desenvolve pesquisas na área de ensino de Física e Astronomia, com construção de materiais de baixo custo e estudos dos fundamentos filosóficos da educação ambiental. Participou do programa Teacher for Future, uma parceria entre os governos do Brasil e da Finlândia para o desenvolvimento de inovações nas áreas do ensino técnico e tecnológico.

É autor de nove artigos completos em revistas nacionais e internacionais, nas áreas de pesquisa básica e ensino de Física e Astronomia, e de capítulo de livro sobre educação ambiental, além de participar de vários trabalhos em encontros e eventos nas áreas de educação e ensino.

Impressão:
Julho/2017